图像处理反问题中的有限点方法研究

杨文莉　黄忠亿　著

中国矿业大学出版社
· 徐州 ·

内 容 简 介

数字图像处理,是将图像信息转换成数字信号,并利用计算机进行处理的过程,在众多科学与工程领域中有着广泛的应用。本书主要对图像处理反问题进行建模、分析和模拟,主要考虑图像去噪、图像去模糊、图像分割、图像修复和图像超分辨率重建等图像处理中出现的小参数奇异摄动问题。通过对约化问题的特征进行详细研究,构造对小参数具有某种一致连续性的近似求解方法,即量身定做的有限点方法,有助于更好地跟踪界面运动情况,捕捉边界层/内层等,提高计算效率。

本书可以作为图像处理、计算数学等相关专业本科生和研究生的专业阅读资料,或者供图像处理应用领域的工程师等专业技术人员参考学习。

图书在版编目(C I P)数据

图像处理反问题中的有限点方法研究 / 杨文莉,黄
忠亿著.—徐州:中国矿业大学出版社,2021.6
ISBN 978 - 7 - 5646 - 5044 - 5

Ⅰ. ①图… Ⅱ. ①杨… ②黄… Ⅲ. ①数字图像处理—
研究 Ⅳ. ①TN911.73

中国版本图书馆 CIP 数据核字(2021)第 117117 号

书　　名	图像处理反问题中的有限点方法研究
著　　者	杨文莉　黄忠亿
责任编辑	张　岩
出版发行	中国矿业大学出版社有限责任公司
	(江苏省徐州市解放南路　邮编 221008)
营销热线	(0516)83884103　83885105
出版服务	(0516)83995789　83884920
网　　址	http://www.cumtp.com　E-mail:cumtpvip@cumtp.com
印　　刷	广东虎彩云印刷有限公司
开　　本	787 mm×1092 mm　1/16　**印张** 10.25　**字数** 201 千字
版次印次	2021 年 6 月第 1 版　2021 年 6 月第 1 次印刷
定　　价	36.00 元

(图书出现印装质量问题,本社负责调换)

前　言

数字图像处理是利用计算机对图像信息进行分析、加工，以达到我们所需目标的过程。常见的图像处理方式有图像编码、图像复原、图像增强、图像压缩、图像分割和图像分析等。本书主要研究图像复原和图像分割两方面的内容。

图像复原实质是图像退化过程的逆过程。它根据退化图像信息对含有噪声、模糊化、信息丢失或者分辨率低的图像进行处理以恢复原来的图像，所得图像是原始图像在某种意义下的最优近似。图像复原包括很多方面的内容，例如图像去噪、去模糊、图像修复和图像超分辨重建等。

对于图像去噪、去模糊，本书基于Getreuer(格特鲁)等给出的Rician(莱斯)去噪模型[1]，提出了一种新的量身定做有限点方法(TFPM)来求解由最小化目标泛函得到的抛物型或椭圆型方程。本书还提出了一种基于平均曲率正则化的图像去噪模型，数值求解依然采用增广拉格朗日方法(ALM)与TFPM相结合的算法。与传统的有限差分方法的区别是，TFPM采用局部近似算子的解作为基函数，并使用加权残差的配置法思想得到更有效的数值解法，从而在恢复图像中保留更多的纹理细节。数值结果表明，我们的方法使得图像的恢复质量得到很大提高。除此之外，我们还验证了极小化Rician去噪模型解的存在性。对于图像修复，我们提出采用TFPM求解由Bertozzi(贝尔托齐)[2]和Cherfils(谢尔菲斯)[3]等给出的二值和灰度图像修复模型，数值实验表明，采用 TFPM 恢复的图像质量得到了很大提升。此外，本书分析了算法的稳定性。对于图像超分辨率重建，为了改善全变分正则项的阶梯效应，本书采用全变分作为图像梯度较大区域的正则化算子，而对梯度较小区域采用 Tikhonov(吉洪诺夫)正则化算子。数值求解采用 ALM 和 TFPM 相结合的数值算法。TFPM 具有更准确的保持原有边界层/内层的优点，因此比标准的数值格式更有助于保持大的梯度跳跃。与双线性插值、最近邻插值、双三次插值等经典插值方法相比，我们的模型和算法也有助于恢复更多的细节信息。

图像分割是把图像分割成具有不同特性的区域，并提取出感兴趣对象的过程。从 20 世纪 70 年代以来，图像分割问题吸引了众多学者的关注，是图像处理中的一个经典难题，到目前为止仍然不存在通用的解决方法。

对于图像分割，本书基于 Cahn-Hilliard(卡恩-海勒方程)提出了一种新的图像分割模型。这个模型的一个有趣的特征在于它能够对大范围缺失部分恢复出合理的轮廓，形成有意义的对象边界。此前在大多数文献中通常使用曲率驱动模型来实现图像分割。在数值求解方面，我们采用了最近研究的 TFPM 思想，它有助于保持图像强度中的剧烈跳跃信息，从而有助于分割出清晰的轮廓。本书中的数值案例也验证了所提出的模型和方法的有效性。此外，还分析了该模型弱解的存在性和唯一性。

本书是我们在近几年科研工作的基础上完成的，因此要特别感谢美国阿拉巴马大学朱炜老师，在科研过程中朱老师多次为我们答疑解惑、指点迷津。还要向帮助出版的中国矿业大学邵虎老师表示衷心的感谢。感谢中国矿业大学学科建设项目(基础与新兴项目——数学)、国家自然科学基金项目(No. 12001529、No. 12025104、No. 11871298、

No. 81930119)的资助。同时感谢参考文献的作者及为书稿后期文件转换和整理提供帮助的王永飞博士。

限于水平所限，本书难免会有错误和不完善之处，敬请专家、读者批评指正，我们将不胜感激。

著　者

2021年3月

目　录

第 1 章　绪论……………………………………………………………… 1

1.1　图像复原的研究背景和现状 ……………………………………… 1

1.2　图像分割的研究背景和现状………………………………………… 18

1.3　主要研究内容和章节安排…………………………………………… 29

第 2 章　反问题及其正则化技术 ……………………………………… 31

2.1　反问题……………………………………………………………… 31

2.2　正则化技术………………………………………………………… 33

2.3　本章小结…………………………………………………………… 38

第 3 章　图像去噪和去模糊 …………………………………………… 39

3.1　Split Bregman 方法回顾 ………………………………………… 39

3.2　量身定做有限点方法(TFPM)回顾 ……………………………… 41

3.3　基于全变分正则化的 Rician 去噪和去模糊 …………………… 43

3.4　基于平均曲率正则化的图像去噪………………………………… 55

3.5　数值算例…………………………………………………………… 62

3.6　本章小结…………………………………………………………… 74

第 4 章　基于 Cahn-Hilliard 方程的图像分割 ……………………… 76

4.1　修正的 Cahn-Hilliard 模型 ……………………………………… 76

4.2　弱解的适定性……………………………………………………… 81

4.3　基于量身定做有限点方法的数值格式…………………………… 87

4.4　数值算例…………………………………………………………… 90

4.5　本章小结…………………………………………………………… 97

第 5 章　图像修复 …… 98
5.1　二值图像修复 …… 98
5.2　灰度图像修复 …… 104
5.3　数值算例 …… 106
5.4　本章小结 …… 116

第 6 章　图像超分辨率重建 …… 118
6.1　基于全变分的图像超分辨率重建 …… 118
6.2　改进的基于全变分的图像超分辨率重建 …… 121
6.3　数值算例 …… 131
6.4　本章小结 …… 142

第 7 章　结论与展望 …… 143
7.1　研究总结 …… 143
7.2　未来研究展望 …… 144

参考文献 …… 146

第1章 绪 论

“百闻不如一见”,人类接收到的外界信息中大约20%来源于听力,80%来自视觉(图像信息),视觉信息主要包括图形(动画)、视频、文本和数据等,视觉是人类最有效和最重要的信息获取和交流方式。随着计算机的普及,人们越来越多地使用计算机来帮助人类获取与处理图像信息。图像采集与图像处理总称为图像技术,其包括图像处理、图像分析和图像理解三个层次[4-5]。图形工程就是三者的有机结合。其中图像处理是底层的操作,包括模拟图像(比如光学成像)和数字图像处理。顾名思义,数字图像处理是指使用计算机将图像信号转换成数字信号,并进行分析的过程,如图像编码、图像复原、图像增强、图像压缩、图像分割、图像超分辨率重建等。中层的操作为图像分析,其将原始像素描绘的图像转换为简单的非图形式的符号描述,是一个图像输入、数据输出的处理过程。图像理解主要是高层操作,通常称为计算机视觉,其研究图像中对象间关系的过程与人类推理的过程有相似之处。

1.1 图像复原的研究背景和现状

由于现实中的图像在传输、生成、采集的过程中常常受到成像设备与外部环境等因素的干扰(如设备抖动、散焦,航拍摄影中的大气湍流效应等),而使得图像质量下降,典型表现为图像模糊、含有噪声、信息丢失和图像分辨率低等。减少图像中噪声和模糊、修复丢失信息、提升图像分辨率的过程就是图像去噪、去模糊、图像修复和图像超分辨率重建。其实质是图像退化过程的逆过程,根据得到的降质图像信息对含有噪声、模糊、信息丢失和低分辨率图像进行处理以恢复原来的图像,最终所得图像是原始图像在某种意义下的最优近似。

1.1.1 图像去噪、去模糊

1.1.1.1 问题背景

图像中的噪声主要来源于图像获取和传输的过程。在图像获取时,成像传感器会受到元件质量和周边环境等因素的影响。例如,用电荷耦合元件

(charge-coupled device,CCD,也称 CCD 图像传感器)摄像机获取图像时,光照水平和传感器的温度会影响所拍摄图像中含有的噪声分布。图像在传输的过程中,也会因图像传输信道干扰而受到污染。例如,使用无线网络传输的图像会受到光照和其他大气扰动的污染。常见的噪声类型包括高斯噪声、泊松噪声、瑞利噪声、脉冲噪声(椒盐噪声)、乘性噪声(伽马噪声)、莱斯噪声等。下面我们分别介绍这几种噪声的概率密度形式。

(1) 高斯(Gaussian)噪声

高斯噪声,又称白噪声,其幅度分布服从高斯分布,功率谱分布服从均匀分布,是最普通的噪声分布。图像中的高斯噪声主要是由电子电路噪声和传感器噪声等因素所导致的。高斯噪声可以理解为在频谱上分布丰富且在功率谱上趋近于常值的噪声,即高斯噪声是与光强没有关系的噪声,无论像素值是多少,噪声的平均水平不变。高斯分布也称正态分布,有均值和方差两个参数:均值反映了对称轴的方位;方差表示了正态分布曲线的胖瘦。高斯噪声的概率密度函数为

$$p(x)=\frac{1}{\sqrt{2\pi}\sigma}\mathrm{e}^{-\frac{(x-\bar{x})^2}{2\sigma^2}},-\infty<x<\infty \tag{1-1}$$

式中,x 为图像的灰度;$\bar{x}$为 x 的均值;σ 为 x 的标准差。

(2) 泊松噪声

泊松噪声,又称散粒噪声,其幅度分布服从泊松分布。其产生的根本原因是光由离散的光子所构成(光的粒子性)。光源发出的光子打在互补金属氧化物半导体(complementary metal oxide semiconductor,CMOS)上,从而形成一个可见的光点。光源每秒发射的光子到达 CMOS 的越多,则该像素的灰度值越大。但是因为光源发射和 CMOS 接收之间都有可能存在一些因素导致单个光子并没有被 CMOS 接收到,或者某一时间段内发射的光子特别多,从而导致灰度值波动。因此,图像监测具有颗粒性,这种颗粒性造成了图像对比度的变小以及对图像细节信息的遮盖,我们把这种因为光量子而造成的测量不确定性称为图像的泊松噪声。泊松噪声的概率密度函数为

$$p(x=k)=\frac{\mathrm{e}^{-\lambda}\lambda^k}{k!},k=0,1,2,\cdots \tag{1-2}$$

式中,x 为图像的灰度;参数 λ 为泊松分布的均值和方差。

(3) 瑞利噪声

瑞利噪声的幅度分布服从瑞利分布,主要表征距离成像中的噪声现象。瑞利分布是最常见的、用于描述平坦衰落信号接收包络或独立多径分量接受包络统计时变特性的一种分布模型。两个正交高斯噪声信号之和的包络也服从瑞利分布。瑞利噪声的概率密度函数为

$$p(x)=\begin{cases}\frac{2}{b}(x-a)\mathrm{e}^{-\frac{(x-a)^2}{b}}, & x\geqslant a\\ 0, & x<a\end{cases}\tag{1-3}$$

式中，x 为图像的灰度，其均值为$\bar{x}=a+\sqrt{\frac{b\pi}{4}}$，方差为 $b\left(1-\frac{\pi}{4}\right)$。

(4) 脉冲噪声

脉冲噪声，是由图像传感器、传输信道、解码处理等产生的黑白相间的亮暗点噪声。脉冲噪声往往由图像切割引起，如黑图像上的白点噪声，白图像上的黑点噪声；或者出现在成像期间的快速瞬变(如开关故障)中。脉冲噪声的概率密度函数为

$$p(x)=\begin{cases}p_s, & x=2^k-1\\ p_p, & x=0\\ 1-(p_s+p_p), & x=V\end{cases}\tag{1-4}$$

式中，V 为区间$(0,2^k-1)$内的任意整数。若p_s和p_p都不为 0，尤其是它们相等时，脉冲噪声就像盐粒或者胡椒一样随机分布在整个图像中，因此脉冲噪声也称为椒盐噪声、冲激噪声、尖峰噪声等。

(5) 伽马噪声

伽马噪声在激光成像中有着广泛的应用。伽马噪声的概率密度函数为：

$$p(x)=\begin{cases}\frac{a^b x^{b-1}}{(b-1)!}\mathrm{e}^{-ax}, & x\geqslant 0\\ 0, & x<0\end{cases}\tag{1-5}$$

式中，$a>b$，b 为一个正整数。

(6) 莱斯(Rician)噪声

由于在磁共振成像(magnetic resonance imaging，MRI)的过程中傅里叶(Fourier)逆变换中含有一非线性算子将初始的高斯噪声转变成了莱斯噪声，因此 MR 图像含有的噪声是服从莱斯分布的。莱斯噪声是一种信号噪声，但不同于高斯噪声、泊松噪声、拉普拉斯噪声等。如图 1-1 所示，当信噪比(signal-noise ratio，SNR)较高时，莱斯噪声分布趋于高斯分布；当信噪比约为 0 时，莱斯噪声分布趋于瑞利分布；信噪比较低时，莱斯噪声分布既不趋于高斯分布也不趋于瑞利分布。

针对不同的噪声有不同的处理算法。加性类噪声的信号是固定的，且噪声部分不随信号变化而变化，但乘性噪声往往由不理想的信道引起，与信号是相乘的关系，因此难以消除。为消除信号中的乘性噪声，通过对原始信号进行同态变换——对数变换，将乘性噪声转变为加性噪声，去除噪声与信号的相倚性，并运

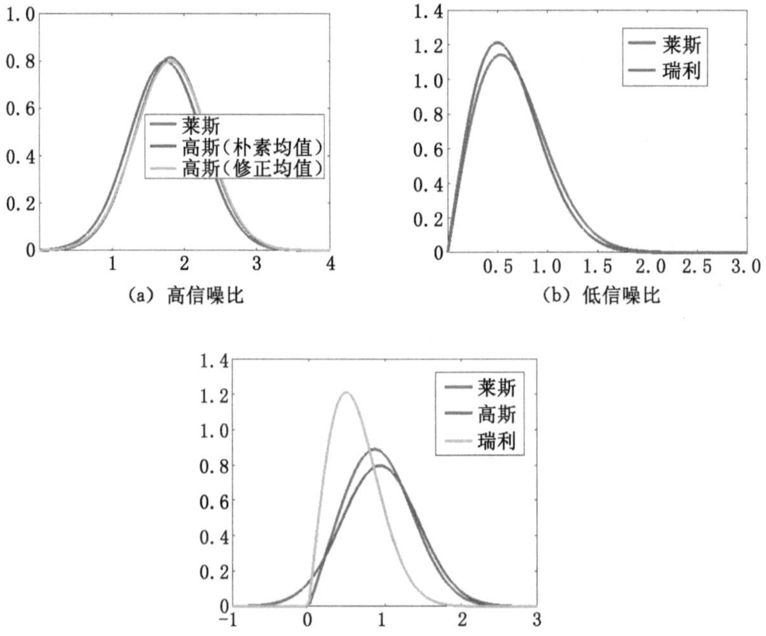

(a) 高信噪比　(b) 低信噪比　(c) 中等信噪比

图 1-1　莱斯噪声分布

用小波分析方法对变换后的信号进行进一步去噪处理。最后,联合指数逆变换获得真实信号,最终消除原始信号中乘性噪声。目前,现有的一些去噪方法均是在加性类噪声(且默认为高斯白噪声)的基础上进行的。加性类噪声的消除方法有很多,如自适应滤波、经验模态分解方法、小波变换等。自适应滤波是在 Wiener(维纳)滤波、Kalman(卡尔曼)滤波等线性滤波基础上发展起来的一种最佳滤波方法;经验模态分解方法是为了精确描述频率随时间的变化而提出的一种自适应的、直观的瞬时频率分析方法;小波变换是众多去噪方法中具有代表性的一种,信噪分离和弱信号提取是小波在信号分析中应用的重要方面,利用小波或小波包分解,可以将信号分解成不同的频段,从而实现信噪分离。

造成图像模糊退化的原因大致可以分为以下几个方面:

① 拍摄时,成像设备与场景之间的相对运动产生的运动模糊。

② 射线辐射、大气湍流等造成的图像畸变或降质。

③ 镜头对焦不准确产生的散焦模糊。

④ 传感器、底片感光和摄像扫描的非线性或者遥感仪器的不稳定性产生的图像几何失真。

由于引起图像模糊退化的因素很多，性质各不相同，描述图像模糊退化过程所建立的数学模型也各不相同，因此根据不同的处理环境，采用不同的图像去模糊方法和估计准则。图像模糊退化导致图像中的每个点都是成像系统中若干点的混合叠加效果，一般用点扩散函数表征成像过程中的点扩散性质，也称作模糊核或者模糊函数。若成像系统的模糊核已知，则图像复原为常规反卷积问题，如在生物科学方面，通过复原荧光显微镜所采集的细胞内部逐层切片图，来重现生物活体细胞内部组织的三维构成；在医学影像方面，对肿瘤周围组织进行显微观察，获取肿瘤安全切缘与癌肿原发部位之间关系的定量数据。若成像系统中的模糊核未知，则图像复原为盲反卷积问题，如在天文观测方面，采用迭代盲反卷积进行气动光学效应图像复原等。

图像去噪、去模糊从整个图像分析的流程上来讲属于图像预处理阶段，从数字图像处理的技术角度来讲属于图像复原和图像增强的交叉范畴，这些过程有着重要的意义：

① 噪声、模糊会妨碍人们对图像信息的认识理解，尤其是当图像中含有的噪声和模糊使得图像几乎变形时，会淹没图像的特征，严重影响图像的质量，导致图像失去存储信息的意义。因此，图像去噪和去模糊是正确识别图像信息的必要保证。

② 图像去噪、去模糊也是对图像做进一步处理的可靠保证。比如，图像中的噪声和模糊严重影响后序的分析判读、特征提取和模式识别等处理工作。

1.1.1.2 研究动态

降质图像是由成像系统的模糊加上系统噪声而形成的，其生产的过程如图1-2所示。

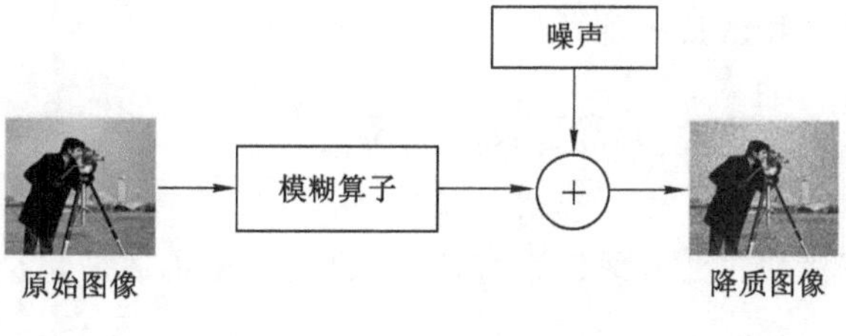

图 1-2 降质图像产生的过程

图像去噪、去模糊显然是一个信号的求逆问题，一般要比求解正问题困难很多。这是由于反问题往往是病态的、不适定的，具体表现为解不连续地依赖于初始值（观测图像），也就是说即便降质图像的退化机制是已知的，观测图像中的轻微噪声和模糊都会导致解的很大波动。为了得到反问题的稳定解，通常需要一些额外的先验知识以及解的一些约束条件。常见的图像去噪去模糊的方法主要有逆滤波复原法、滤波复原法和正则化方法等。

1.1.1.2.1 逆滤波复原法

逆滤波是最早使用的一种无约束复原方法，它根据模糊核和降质图像，在一定的误差准则下得到原始图像的估计，已被成功应用于航天器传来的降质图像处理。假设输入图像 $f(x,y)$ 经过模糊核 $h(x,y)$ 和噪声 $n(x,y)$ 的污染后，产生退化图像 $g(x,y)$，即

$$g(x,y)=f(x,y)*h(x,y)+n(x,y) \tag{1-6}$$

对上述方程取傅里叶变换，则其在频率域上可以写成

$$G(u,\nu)=F(u,\nu)H(u,\nu)+N(u,\nu) \tag{1-7}$$

逆滤波复原采用退化图像的傅里叶变换除以退化传递函数 $H(u,\nu)$，求得输入图像傅里叶变换的最佳估计值$\hat{F}(u,\nu)$：

$$\hat{F}(u,\nu)=\frac{G(u,\nu)}{H(u,\nu)}=F(u,\nu)+\frac{N(u,\nu)}{H(u,\nu)} \tag{1-8}$$

可见，逆滤波方法只适用于信噪比高，且退化传递函数 $H(u,\nu)$ 不存在病态性质的图像去噪、去模糊问题。

1.1.1.2.2 滤波复原法

滤波复原除了需要事先知道退化模糊算子，还需将原始图像和噪声的特性作为先验知识。

(1) 维纳滤波

维纳滤波器是基于平稳随机过程的模型，将图像和噪声均视为平稳随机过程。在模糊算子、未退化图像和噪声的功率谱都已知的前提下，维纳滤波求得的输入图像傅里叶变换的最佳估计值为

$$\hat{F}(u,\nu)=\left[\frac{1}{H(u,\nu)}\frac{|H(u,\nu)|^2}{|H(u,\nu)|^2+|N(u,\nu)|^2/|F(u,\nu)|^2}\right]G(u,\nu) \tag{1-9}$$

若满足平稳随机过程和线性系统两个条件，则维纳滤波将会取得较好的复原效果。

(2) 约束最小平方滤波

约束最小平方滤波仅要求噪声的均值和方差已知，其核心思想是约束平滑度，来降低模糊算子对噪声的敏感。约束最小平方滤波求得的输入图像傅里叶变换的最佳估计值为

$$\hat{F}(u,\nu)=\left[\frac{H^*(u,\nu)}{|H(u,\nu)|^2+\gamma P(u,\nu)}\right]G(u,\nu) \tag{1-10}$$

式中，γ 为取值控制对所估计图像所加光滑性约束的程度；$H^*(u,\nu)$ 为 $H(u,\nu)$ 的共轭矩阵，且 $|H(u,\nu)|^2=H^*(u,\nu)H(u,\nu)$；$P(u,\nu)$ 为拉普拉斯核的傅里叶变换。

(3) 几何均值滤波

几何均值滤波是维纳滤波的推广，其求得的输入图像傅里叶变换的最佳估计值为

$$\hat{F}(u,\nu)=\left[\frac{H^*(u,\nu)}{|H(u,\nu)|^2}\right]^{\alpha}\left[\frac{H^*(u,\nu)}{|H(u,\nu)|^2+\beta|N(u,\nu)|^2/|F(u,\nu)|^2}\right]^{1-\alpha}G(u,\nu) \tag{1-11}$$

式中，α 和 β 为非负的实常数。

(4) 空域滤波

对于只含有噪声的图像复原，可以采用空域滤波方法。常见的空域滤波主要有均值滤波、统计排序滤波和自适应滤波。算术均值滤波是最简单的均值滤波，它在降低图像噪声的同时会模糊图像；几何均值滤波实现的平滑效果类似于算术均值滤波，但损失的图像细节更少；谐波平均滤波主要用于处理盐粒噪声和高斯噪声；反谐波平均滤波适用于消除或者降低椒盐噪声。统计排序滤波的响应主要是基于滤波器周围邻域中的像素值的顺序。中值滤波是最著名的统计排序滤波，它能有效降低随机噪声，尤其是冲激噪声，且模糊度很小；最大最小值滤波适用于椒盐噪声；中点滤波适用于高斯噪声和均匀噪声。自适应滤波要优于前面所讨论的滤波，它考虑了图像不同点的特征变化。自适应局部降噪滤波类似于算术均值滤波和几何均值滤波，但其复原的图像更清晰；自适应中值滤波能够处理更大概率的噪声，且能够在保留图像细节的同时平滑非冲激噪声。

1.1.1.2.3 正则化方法

正则化方法就是将图像的一些先验知识或解的一些约束条件融入图像反问题的求解过程中，以此抑制噪声，并获得具有一定平滑性的解。

(1) 基于小波变换的正则化方法

通常，基于小波变换的正则化方法采用的最小化函数有三种形式，分别为基于分析的方法、基于合成的方法和均衡正则化方法[6]。其中均衡正则化方法的最小化函数形式为

$$\min_x |x|_1+\frac{\gamma}{2}\|(I-W^{\mathrm{T}}W)x\|_2^2+\frac{\lambda}{2}\|KWx-f\|_2^2 \tag{1-12}$$

式中，$WW^{\mathrm{T}}=I$，为标准的紧框架；$u=Wx$，为图像的一个估计。

经典小波对于图像处理的局限性主要表现为它仅适用于低信噪比的图像，且无法最优逼近图像中的边缘信息，分解尺度难以选择。之后很多学者发展了

小波理论的多尺度几何分析，包括脊波变换和曲波变换[7-8]等，使其能够更好地对图像的细节和边缘特征建模。

（2）基于图像稀疏表示的正则化方法

基于图像稀疏表示的正则化方法是图像复原的重要技术途径，如果图像具有稀疏性，那么我们就可以通过某组过完备基或字典中的少数几个元素进行有效逼近。典型的图像稀疏表示过程如图 1-3 所示。

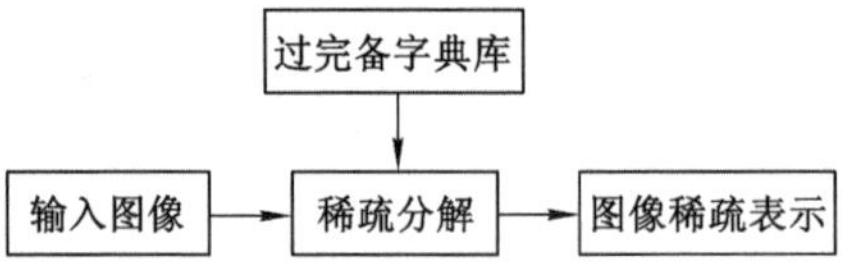

图 1-3　图像稀疏表示过程

根据过完备稀疏表示理论，基于图像稀疏表示的正则化方法的最小化目标函数的形式为

$$\min_{x} \| \boldsymbol{y} - \varphi \boldsymbol{x} \|_2^2 + \lambda \| \boldsymbol{x} \|_0 \tag{1-13}$$

式中，φ 为一个合适的过完备字典；$\boldsymbol{y}$ 为待表示的目标信号；$\boldsymbol{x}$ 为稀疏表示系数；λ 表示惩罚因子。

其中较为典型的稀疏约束有多尺度小波变换域的稀疏约束和全变分域的稀疏约束。多尺度小波变换域通过一组过完备正交基对图像进行稀疏表示，在变换域中对图像进行稀疏约束，从而提高图像的复原质量。然而，由于变换域中对某些系数直接通过硬阈值或者软阈值方法加以收缩，而会导致空域中的振铃效应。全变分稀疏约束技术充分考虑了图像的梯度稀疏先验知识，并且能很好地应用于各类噪声的去除，因此基于全变分能量泛函的去噪技术是一种重要的图像去噪方法，并且适用于多种类型噪声的图像去噪问题。

（3）基于偏微分方程的正则化方法

基于偏微分方程的去噪方法，包括基于基本的迭代格式的方法和基于变分法的思想两类。基于基本的迭代格式的方法，如 Perona-Malik（佩罗纳-马利克）过滤器（非线性滤波）[9]等非线性扩散过滤器[10]，能平滑图像锐化边缘，但是容易得到病态问题，不稳定。基于变分法的思想[11]，以能量泛函的形式建立图像处理的模型，通过求解能量泛函的极小值达到平滑状态，如 TV 模型等。近年来，由于偏微分方程的扩散各向异性和局部适应性，而使得其在图像处理中有着越来越广泛的应用，并且吸引了越来越多学者的注意。对于图像去噪目前使用较为广泛的模型是 1992 年 Rudin，Osher 和 Fatemi[12]提出的非线性全变分去噪模型（ROF 模型），即

$$\min_u \int_\Omega |Du| \mathrm{d}x + \frac{\lambda}{2}\int_\Omega (f-u)^2 \mathrm{d}x \tag{1-14}$$

式中，全变分项作为正则项。

ROF 模型最显著的特征在于它能够保持图像的边缘信息。这是首次在偏微分方程的去噪方法中将变分理论用于图像处理，由于含有噪声的图像的全变分往往大于原始图像的全变分，因此可以将图像去噪问题转化为求解能量泛函最小值的问题。ROF 模型使用有界变差空间对图像进行建模，BV 空间中的函数允许存在不连续的跳跃，因此使得边缘等信息的保持有了理论依据。从此全变分被广泛应用到不同的图像处理任务中。

为了去除磁共振成像中的 Rician 噪声，很多 Rician 去噪模型被提出[1,13-15]。2011 年 Getreuer 等[1]提出了一种有效去除 Rician 噪声的 ROF 模型，即

$$\min_u \int_\Omega |Du| \mathrm{d}x + \lambda\int_\Omega \left[\frac{u^2}{2\sigma^2} - \log I_0\left(\frac{fu}{\sigma^2}\right)\right]\mathrm{d}x \tag{1-15}$$

式中，$f=u+\eta$，f 是降质图像，u 是初始的干净的图像，η 是噪声。式中第一项称为正则项，第二项称为保真项，其中保真项是根据贝叶斯定理和噪声的概率密度分布得到的。贝叶斯定理的应用如下：

$$\max_u P(u \mid f) \Leftrightarrow \max_u P(u)P(f \mid u) \Leftrightarrow \min_u\{-\log P(u) - \log P(f \mid u)\} \tag{1-16}$$

全变分的不可微性，给全变分模型的数值求解带来很多困难。我们给出它的梯度流[16]的形式：

$$\frac{\partial u}{\partial t} = \nabla\cdot\left(\frac{\nabla u}{|\nabla u|}\right) - \lambda(u-f) \tag{1-17}$$

正则项是控制模型扩散方向和扩散程度的项。在图像的边缘处，$|\nabla u|$ 越大，扩散系数 $\frac{1}{|\nabla u|}$ 就越小，说明在边缘处扩散较弱，可以有效地保护边缘；在图像平滑区域，扩散系数相应较大，扩散程度较强，有利于噪声去除。保真项通常用来衡量观测数据和真实数据之间的拟合程度，一般都是根据图像和噪声的先验知识来推导出合适的保真项。ROF 模型中的保真项对应于 Gaussian 噪声的概率密度分布函数；Luminita 模型中的保真项对应于 Rician 噪声的概率密度分布函数。用于以上非线性扩散问题的传统差分格式具有以下特点：一是效率低，差分格式并不能很好地逼近原来的变分方程；二是稳定性条件决定时间步长通常要很小，因此要达到足够高的精度需要迭代的步数多，所需时间长。有很多快速算法被引入，包括由 Chan 等[17-18]提出的初始对偶方法、由 Chambolle[19]提出的方法、由 Osher 等[20]提出的 Split Bregman 方法及由 Wu 等[21]提出的增广拉

格朗日方法。当采用 Split Bregman 方法或增广拉格朗日方法时，会产生带有小参数的抛物型方程或椭圆型方程(奇异摄动问题)的子问题，通常使用一般的差分格式或谱方法进行求解。例如，为了求解线性椭圆型方程，五点格式被广泛用于离散拉普拉斯算子。在某种意义上，五点格式相当于用多项式逼近方程的解，不利于保持图像边缘信息。本书提出一种新的数值格式，即量身定做有限点方法(TFPM)[22]，得到 Rician 去噪模型更准确的解，这将有助于提高恢复图像的质量。

在众多科学与工程领域的数学物理问题中，经常面临求解一些带小参数的偏微分方程初边值问题，我们通常将这类问题称为奇异摄动问题。小参数为奇异摄动参数，一般出现在最高阶导数项前。奇异摄动的退化问题通常会导致偏微分方程降阶或方程类型改变，从而使原来的定解条件不再适定，其解一般会含有边界层、内层或初始层。解本身或其导数在此区域内变化剧烈，使得这类问题的理论分析和数值求解都很棘手。为了得到稳定高效的数值算法，很多学者尽可能地利用解的渐近展开形式和方程的特点来设计数值格式。量身定做有限点方法(TFPM)最初由 Han 等[23]提出，来求解奇异摄动问题。求解边界层/内层问题，传统的数值方法需要很细的网格剖分，而如果网格剖分没有足够小，这些边界层/内层往往会导致数值解的伪振荡。TFPM 能够有效求解奇摄动问题[24,25]和非平衡辐射扩散方程[26]。TFPM 的基本思想是，选取局部近似(退化)偏微分方程的解作为基函数来近似原问题的解。因此，在合理的计算代价下，TFPM 能够获得比传统方法更高的精度。

然而，基于全变分复原的图像存在较为严重的阶梯效应，因此全变分方法出现许多变种。例如，将差分算子加以推广，将横、竖两方向的差分算子推广为多方向差分算子，或者将差分算子推广为分数阶差分算子；针对稀疏收缩算子加以改进，如将基于L_1范数的全变分推广为基于L_p伪范数的全变分，以提高对图像梯度稀疏性的刻画能力；将一阶差分梯度推广为高阶差分梯度，如广义全变分正则化；将像素级别的梯度信息推广为交叠组合梯度信息，采用交叠组稀疏全变分技术提高图像平滑区域与边缘区域之间的差异性，并有效抑制全变分的阶梯效应。

1.1.2 图像修复

1.1.2.1 问题背景

图像修复是图像退化过程的逆过程，根据得到的退化图像信息对信息丢失的图像进行处理以恢复原来的图像在实际生活和科学研究中有着十分重要的应用，比如在古代珍贵字画的修复、电影后期处理、图像中多余物体的去除、艺术工艺的保护、老照片中划痕信息的修补、网络传输中丢失或损坏的视频信息的修复、天文学中的虹膜识别和生物学中的指纹识别等方面都有很高的应用价值。图像修复实际是根据待修复区域周围的有效信息(未被遮挡或者未被损坏的信息)经过一定的修复规则(模型)自动地将图像填充到待修复区域,受损地方的信息被完全填补直至接近原始图像。

从数学的角度来讲,一般图像的退化过程是一个正问题,而图像修复是图像退化过程的逆过程,通常是一个不适定的反问题。所谓正问题,一般是按照某种自然顺序(如时间顺序、因果顺序及空间顺序等)来研究系统的分布形态或演化过程,即相当于已知输入和系统求输出;反问题则是相对正问题而言的,它是根据系统的演化结果,由可观测的输出现象来探求系统的内部规律或所受的外部影响,即相当于已知输出和系统求输入。对于图像修复来说,如果待修补区域比较大或者破损区域结构复杂,那么就会因使用不同的修复规则而得到不同的修复结果,也就是解的不唯一性。鉴于图像修复的重要应用价值,越来越多的学者开始致力于提高修复图像质量的研究。

1.1.2.2 研究动态

(1) 基于变分原理的图像复原方法

Bertalmio 等[27]首次提出数字图像修复的概念,并首次将偏微分方程的思想引入图像修复,提出 BSCB 模型。其核心思想是把未受损或未遮挡区域的有效信息(主要是梯度信息和灰度信息)沿着等灰度线方向扩散到待修复区域内,直至待修复区域的灰度值趋于稳定。现在大部分的非纹理图像修复方法都是基于偏微分方程(PDE)的方法。大量的数值实验表明基于 PDE 的图像修复模型可以很好地处理含有小面积受损区域的图像。把修复问题转化成极小化某个能量泛函的数学模型,这个能量泛函通常由数据保真项和正则项两项构成,通过变分法的思想求解这个数学模型,即可得到退化图像在某种意义下的一个近似解,从而达到图像修复的效果。由于 BSCB 模型的修复速度太慢,从而影响了它的发展。2002 年 Shen 等[28]将 TV 去噪模型推广到 TV 修复模型:

$$\min_u \int_{\Omega} |Du| \mathrm{d}x + \frac{\lambda}{2}\int_{\Omega\backslash D} (f-u)^2 \mathrm{d}x \tag{1-18}$$

式中,Ω 为整个图像区域;D 为待修复区域;f 为给定的待修复的图像。

2002 年 Esedoglu 等[29]将 MS 分割模型推广到了 MS 修复模型。这两类模型都是二阶模型,能够修复的图像只限定于仅包含较小尺度受损区域的图像,并且在断裂边缘的连接上也达不到连通性的要求。随后 Chan 又提出曲率驱动模型(CDD)进行图像修复,其特点是它能够修复较大受损区域,但由于其为非线性高阶模型,计算复杂。为了修复含有大范围信息缺失的图像,越来越多的学者开始尝试使用合适的高阶模型进行图像修复。2007 年 Bertozzi 等[2]提出了应用于二值图像修复的修正 Cahn 模型[30-31]：

$$u_t = -\Delta\left(\epsilon\,\Delta u - \frac{1}{\epsilon}W'(u)\right) + \lambda(x)(f-u) \tag{1-19}$$

其中，u 满足$\frac{\partial u}{\partial n}=\frac{\partial \Delta u}{\partial n}=0, u\in\partial\Omega$，$W(u)=u^2(u-1)^2$，

$$\lambda(x)=\begin{cases}0, & x\in D\\ \lambda_0, & x\in \Omega\backslash D\end{cases} \tag{1-20}$$

由于模型的非凸性，一般采用凸分裂的思想进行求解，但是需要定义很多参数，并且需要不断地从大到小调整 ϵ 。当 $\epsilon \ll 1$ 时，传统凸分裂算法已经不能很好地逼近原始方程的真实解。这是因为当 $\epsilon \ll 1$ 时，方程为奇异摄动问题，传统的数值格式在边界层和内层附近会产生伪振荡。本书给出一种新的数值求解方法，即使用 TFPM 进行数值求解，该方法所需选取的参数更少，计算结果更精确。

(2) 基于纹理合成的图像复原方法

基于纹理合成的图像恢复方法是一种基于块的分析。它的基本思想是在待修复区域的边界上任意选取一个像素点，并以该点为中心，根据图像的几何形状，选取大小合适的纹理块，然后在待修复区域的周围寻找与之最为匹配的纹理块来替代该纹理块，最终修复结果在视觉上是相似且连续的。其中最经典的算法是由 Criminisi 等[32]提出的，该算法在基于样本的纹理合成算法的基础上结合图像结构扩散的特点，来修复图像中的大面积破损，得到很好的修复效果。此方法主要由三步组成：优先权计算、搜索和复制。之后很多学者改进了这三个步骤，得到更新颖的图像修复方法[33-34]。

1.1.3 图像超分辨率重建

1.1.3.1 问题背景

在许多数字图像成像设备中，CCD 和 CMOS 图像传感器被广泛使用以获取数字图像，但其分辨率水平和成本远没有满足人们的消费需求，特别是高端科技研发的需要。因此，超分辨率重建在视频监控（如基于图像的水利量测、刑侦取证、试验故障检测）、卫星成像（如遥感、遥测、地球资源调查及军事对地侦查）、生物医学成像（如计算机 X 射线断层摄影、核磁共振成像）、视频标准转换（如 NTSC 和 PAL 标准的相互转换、SDTV 信号向 HDTV 信号的转换）、视频增强和复原（如视频后期处理、老旧电影的翻制）、数字拼嵌、虚拟现实和太空探索等方面具有广泛的应用前景和实用意义。

下面我们对低分辨率图像产生的整个过程进行科学的分析和表征。在光学成像系统采集自然场景的过程中，有限孔径尺寸导致光学模糊、有限孔径时间导致运动模糊、有限传感器尺寸导致传感器模糊、有限传感器密度导致混叠效应、成像系统和目标场景间的相对运动导致运动模糊、欠采样导致频谱混叠效应等，限制了所获取图像的空间分辨率，即实际上光学成像系统所测得的图像是降质图像（低分辨率图像）。图像的退化降质环节主要包括模糊、欠采样和噪声污染。图 1-4 为典型的成像降质过程，成像系统的输入为连续观测场景，一般可近似假设场景是带限信号。在超分辨率重建中，要复原的理想高分辨率图像可看成是对原始带限场景信号进行采样生成的以离散信号形式表征的图像，图像无混叠效应。但实际上，自然光线变化、镜头光学散焦引起的光学模糊，设定镜头与目标场景之间的运动，拍摄角度或大气湍流干扰引起的图像平移、旋转、仿射等图像扭曲等多种因素，造成获取图像的模糊降质。模糊后的图像在图像传感器或模/数转换过程中不可避免会带来信号的丢失，这种欠采样会造成图像的混叠效应，这是由于低密度像素采集设备使图像采样率低于带限场景采样率，必然造成频谱混叠。下采样的图像还会受到光电噪声、色彩滤波噪声、热敏噪声、传输存储噪声、压缩量化噪声及配准中的误差等的影响。因此光学成像系统最终获取的图像是经过扭曲、模糊、下采样和噪声污染的低分辨率图像，见图 1-4。

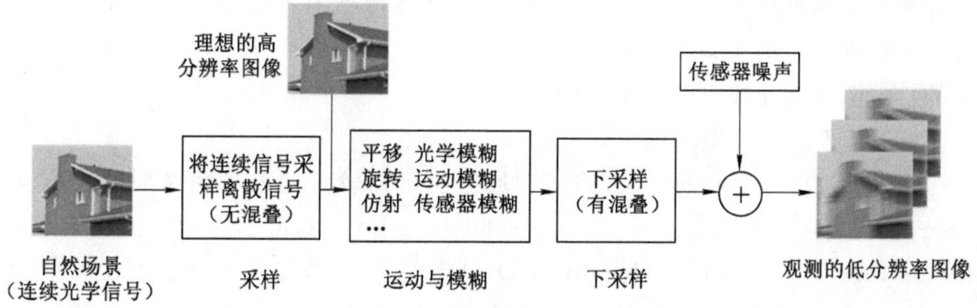

图 1-4　低分辨率图像产生的过程

从低分辨率图像产生的过程可以看出高分辨率图像与其相对应的低分辨率图像之间的关联。超分辨率重建过程可以看作低分辨率图像产生模型的逆过程。

1.1.3.2　研究动态

图像超分辨率是一种从一个或多个低分辨率图像中估计高分辨率图像而又不损失信噪比的过程，在医学成像、高清电视、卫星成像、合成孔径雷达等领域具有广泛应用。在本书中，我们主要考虑单帧超分辨率，目的是通过对单个图像进行上采样来获得高分辨率图像。通常不可能完全恢复低分辨率图像中缺少的精细特征，所以只能重建一些非常特殊的结构，或者产生视觉上令人愉悦的高频纹理。由于原始图像通过卷积算子和下采样算子变为了低分辨率图像，因此，要得到成超分辨率图像是一个不适定问题。目前，国内外学者已经提出了一些模型和算法来处理该问题，如基于插值的方法、基于统计的方法、机器学习方法[35-36]、基于最小二乘法的方法、基于傅里叶级数的方法以及其他变分方法。

1.1.3.2.1　图像超分辨率重建的频域方法

(1) 基于傅里叶变换的频域方法

1984 年，Tsai[37]首次明确提出超分辨率重建的概念，即通过一个频域公式将高分辨率图像与多帧低分辨率图像建立关联，利用连续和离散傅里叶变换的平移和混叠特性求解图像的混叠效应，以改善图像的空间分辨率，从而实现图像的超分辨率重建。

(2) 基于离散余弦变换的频域方法

为了减少超分辨率处理过程中的存储要求和计算量，Rhee 等[38]采用基于离散余弦变换的方法代替离散傅里叶变换，同时采用多通道自适应确定正则系数以克服欠定系统的病态性。传统的频域方法理论基础比较简单，算法复杂度低，因此在理论推导的数值计算方面具有一定的优势，具有直观的消除变形超分辨率机制。但同时也有一定的不足之处，即它局限于处理全局整体运动情况，难以处理局部运动或者局部平移的情况，且在处理过程中难以嵌入图像先验作为适当的正则项。另外，传统的频域方法没有考虑运动模糊、噪声污染，处理更复杂的自然图像退化模型的能力有限。

(3) 基于小波变换的频域方法

2000 年，小波变换的引入，使得频域方法可以较好地处理图像局部的不同情况，包括离散小波变换(discrete wavelet transform，DWT)、离散小波框架变换(discrete wavelet frame transform，DWFT)[39]、脊波变换和曲波变换[7-8]等。它也已被很多学者成功应用于图像修复、图像超分辨率重建、图像盲去模糊[40-41]、图像融合[42]、视频分割[42]等场景。DWT 和 DWFT 具有不同的时间-频率分辨率，因此能够为局部图像特征提供更好的稀疏逼近。而 DWT 使用抽取的方法，DWFT 不使用，这让 DWT 方法对于配准误差非常敏感，具有定位信号和图像中奇异点的特性。在图像处理中，DWT 的主要缺点是在所有尺度上给对应的图像边缘赋予大量系数，这些系数对于重建图像边缘都是必要的，这将使 DWT 处理较长弯曲边缘时效率低下。近期，脊波变换和曲波变换的出现，提高了处理图像上的长直线和曲线奇异点的效率。

1.1.3.2.2　图像超分辨率重建的空域方法

在空域框架内也有很多算法被提出，包括融合-复原法(也称插值-复原法)、统计法[如最大似然法(maximum likelihood,ML),最大后验法(maximum a posteriori,MAP)]、机器学习方法等。

(1) 融合-复原方法

融合-复原方法,也称图像插值,是解决图像超分辨率问题最直接的方法,主要有最近邻插值方法、双线性插值方法、双三次插值方法等。插值法的核心思想是利用图像先验信息,形成低分辨率图像和高分辨率图像像素映射关系,重构高分辨图像,实现图像超分辨率复原。

① 最近邻插值

最近邻插值是图像处理中普遍使用的图像尺寸缩放算法,由于它具有实现简单、计算速度快的特性深受工程师们的喜爱。最近邻插值的思想是以周围4个相邻像素点中欧式距离最短的一个邻点的灰度值作为插值点的灰度值,由于仅考虑最近邻、影响最大的邻点灰度值作为插值,没有考虑其他像素的影响,因此插值的图像很容易出现块状或严重的锯齿效应。若放大倍数过大,则用最近邻插值方法重构的图像会出现马赛克效应。

② 双线性插值

双线性插值方法,又称双线性内插法,是一种比较实用的插值方法。其核心思想是待插点像素值取原图像中与其相邻的四个点像素值的水平和垂直两个方向的线性内插,即根据带采样点与周围四个相邻点的距离确定相应的权重,从而计算出待插点的加权像素值。与最近邻插值相比,双线性插值利用了相邻四个像素点,因此克服了重构图像的锯齿效应,但双线性插值本质属于低通滤波,重构效果依旧不明显,复原图像较模糊。

③ 双三次插值

双三次插值方法,又称双立方插值,是二维空间中最常用的插值方法。其核心思想是待插点像素值取原图像中与其最近的十六个点像素值的加权平均,在这里需要使用两个多项式插值三次函数,三次运算可以得到更接近高分辨率图像的放大效果,但也导致了运算量的急剧增加。双三次插值是用于在图像中“插值”或增加“像素”数量/密度的一种方法,能够增大显示面积以及(或者)分辨率。双三次插值的重构效果比最近邻插值和双线性插值都好,是最精确的插补图形,但它的计算速度也是最慢的。双线性插值的计算速度则要快一些,但没有前者精确。在商业性图像编辑软件中,经常采用的是速度最快,但也是最不准确的最近相邻插值。其他一些插值技术通常只在高档或单独应用的程序中出现。

④ 其他插值方法

在文献中,用于实现插值的方法多种多样。图像插值可以基于所选的适当基函数或合成函数的数字卷积来实现,也可以使用具有空间参数的多项式来实现。在多项式图像插值之后，通常会出现振铃效果、混叠效果、阻塞效果和模糊效果[43]。为了获得高质量的图像插值结果，人们对自适应多项式图像插值技术进行了研究。一些学者提出了基于线性空间变化[44]的图像插值方法。该方法估计任何插值像素与其相邻像素之间的偏置距离，并将插值像素移动到具有相同特性的邻域，这在边缘插值中具有更好的效果。当图像基于非理想采集时，在插值之前需要校正滤波器。校正滤波器估计是一个病态问题，经常使用正则化和线性最小均方误差(LMMSE)滤波器，例如自适应最小二乘插值算法[45]、LMMSE 方法[46]和最大熵插值[47]等。对于不规则采样数据，Lertrattanapanich 等[48]提出一种三角剖分的方法进行插值，但对噪声不具鲁棒性；基于归一化卷积，Knutsson 等[49]提出一个鲁棒的确定度和一种结构自适应的适应度函数，用于多项式 Facet 模型。近年来，Takeda 等[50]提出一种自适应方向核回归，用于高分辨率图像网格的插值。由于没有考虑噪声和模糊效应，插值效果并不理想，且最后的复原忽略了插值中的误差，无法保证整个重建算法的最优性。

(2) 统计方法

与融合-复原法不同，统计方法将超分辨率重建步骤与最优重建结果随机关联，最终的重建结果通过迭代寻优来实现。

① 最大似然法

ML 实质上是一种投影算法，使用的前提是假设高分辨率图像先验是均匀分布的，对噪声、配准估计误差以及 PSF 估计误差特别敏感，出现严重的不适定性。1991 年，借助迭代反向投影思想，Irani 等[51]率先提出一种简单实用的基于误差反向投影的图像超分辨率重建方法。该方法首先采用单幅低分辨率图像的插值结果估计出一个高分辨率图像作为初始解。然后模拟图像的降质过程，产生其模拟的低分辨率图像：若初始解与原始高分辨率图像精确相等，则模拟的低分辨率图像应与观察得到的实际低分辨率图像相同；若两者不同，则将模拟的低分辨率图像与观测图像之间的误差反向投影到初始解上使其得到修正。最后根据模拟误差不断更新当前的估计值，直到误差小于给定的阈值迭代终止，输出迭代结果，实现对输入低分辨率图像的重构。Irani 等证明了算法的收敛性。反向投影算法简单直观，能够处理受到不同降质过程的图像，包括去模糊和去噪。但是反向投影算法得到的解是不稳定、不唯一的，它依赖于初始解的选取和反向投影算子的选取，且对噪声和估计误差都非常敏感。这是由于 ML 估计没有利用先验知识，即其没有正则项，因此会出现严重的不适定性。

② 最大后验法

利用低分辨率图像重建高分辨率图像是估计求解图像退化过程的模型，其数学本质是求解不适定问题的反问题，主要策略包括采用最小二乘方法求解、增加限制条件、施加一定的先验信息等。图像超分辨率重建,就是通过设计合适的图像先验信息作为正则项对解空间加以限制或约束,使病态的不适定问题转化为一个最小化泛函最优化的可解的适定问题,从而构造出 MAP 的求解路径。基于 MAP 的超分辨率重建方法是目前研究最多的一类方法,其基本思想是根据图像的退化模型,从观测到的低分辨率图像中估计高分辨率图像,使得高分辨率图像的后验概率达到最大。MAP 依据的准则是贝叶斯公式,应用概率统计的方法和图像的先验知识,将病态的不适定问题转化为求解最优化问题,从而得到重构图像的最优结果。虽然 MAP 方法具有很好的稳定性和灵活性,但对于约束函数和图像先验信息的求解非常复杂,因此 MAP 计算量比较大。许多学者对基于 MAP 重建技术做了深入研究,主要在观测模型的建设和所求解的先验项上做修改。在现有文献中,已提出各种不同的自然图像先验,如高斯马尔可夫随机场(Gaussian Markov random field, GMRF)[52],它重建的结果过度平滑。后来通过对图像梯度分布的建模来改善,称为 Huber 马尔可夫随机场(Huber Markov random field, HMRF)[53],它倾向于分段平滑,可以很好地保持边缘。最常用的图像先验即为变分。自 1992 年,Rudin 等[12]提出非线性全变分去噪模型(又称 TV 模型或者 ROF 模型)开始,变分方法就被学业界和工业界广泛采纳。典型的变分方法包括全变分模型(total variation, TV),TV 模型定义了一种细节保持的图像先验,以合适的重尾特性能够较好解决非连续点的过渡平滑;然而其非线性造成了微分求解的困难,并且 TV 模型仅对邻域像素建立变分关系,对于更大的邻域没有给出有效的变分形式。随后,大量的研究和文献都在试图解决优化和扩展邻域问题,其中 Farsiu 等[54]提出的双边全变分模型(bilateral total variation,BTV)通过绝对值近似解决了优化问题,同时吸收了双边滤波的思想将 TV 变分关系扩展为非一阶形式。Bredies 等[55]提出了广义全变分模型(total generalized variation,GTV),不像 BTV 模型采用对 TV 模型的近似推广而是一种准确推广,提高了邻域像素相关性的准确度。2016 年,Tong 等[56]提出了一种统一的变分框架。

Marquina[57]提出了一种基于全变分的图像超分辨率正则化模型,记为 MO 模型。同 ROF 模型一样,MO 模型也会受到阶梯效应的影响,导致视觉上的不愉快。为了解决阶梯现象,发展了许多高阶变分模型,包括总广义变分、Euler 弹性、非线性四阶扩散项、二阶导数作为正则项等[58-60],但是这些模型比全变分模型更复杂。在文献[61]中,ROF 模型的一个变体被提出用于图像去噪,其中不同类型的正则化器被应用于具有不同图像梯度大小的区域。具体来说,使用 L^p-图像梯度的范数,用于梯度幅度较小的区域($p>1$),而原始的全变分项施加在梯度幅度较大的区域。本书将这一思想应用于图像超分辨率重建。

(3) 机器学习方法

近年来,机器学习方法在图像增强中取得令人瞩目的进展。典型的机器学习方法包括基于外部示例方法、人工神经网络(artificial neural network,ANN)方法、基于生成对抗网络(generative adversarial network,GAN)的方法、基于展开动力系统 (unrolling dynamics,UD)[62]的方法等。2010 年,Yang 等[63]将基于稀疏编码的方法(sparse-coding-based method, SC)用于图像超分辨重建。在大量的数据集中,选取很小部分作为元素重建新的数据,其难点在于最优化目标函数的求解,当前采用最多的算法是梯度下降法。2014 年,Dong 等[64]提出了图像超分辨率卷积神经网络(super resolution convolution neural network, SRCNN),与 SC 不同的是,SRCNN 没有明确学习用于对补丁空间进行建模的字典或流形,可通过更大的数据集或者更大的模型改进图像的恢复质量。2016 年,Kim 等[65]提出深度卷积网络模型,克服了 SRCNN 模型收敛速度慢和只针对单一尺度的缺点,采用残差学习和高学习率的一种加快训练方法提高收敛速度,并将工作扩展到了单一网络的多尺度图像超分辨率重建。2018 年,Zhang 等[66]提出动态展开的递归恢复器 (dynamically unfolding recurrent restorer, DURR),采用移动端点控制框架(动态系统通过卷积 RNN 建模),可使用单个模型恢复因不同降级级别而损坏的图像,能够在盲图像去噪和 JPEG 图像去块方面达到最新的性能。2019 年,Shaham 等[67]提出 SinGAN 模型,一个可以从单一自然图像中学习的无条件生成对抗模型,在保持图像整体结构的同时,也能捕捉图像内部斑块的分布。Zhang 等[68]提出一种新的深度卷积神经网络(deep convolution neural networks,DCNNs),称为 JSR 网络,将传统的基于模型的方法与深度学习的深层架构设计相结合,采用混合损耗函数,使得 JSR 网络能够更有效地保护重要的图像结构。他们还提出了一种基于自我监督和生成对抗网络(GAN)的无注释图像分割方法。Liu 等[69]提出了一种新的软阈值动力学(soft threshold dynamics,STD)框架,该框架可以将经典变分模型的多个空间先验信息集成到 DCNNs 中进行图像分割,使 DCNNs 的输出具有空间规则性、体积约束和星型先验等特殊的先验知识。机器学习方法有着较复杂和灵活的模型设计,以及不同程度的最佳图像恢复效果,与传统方法扎实的理论基础相比,其缺点是模型和算法的理论性质难以解释。

1.2 图像分割的研究背景和现状

1.2.1 问题背景

在对图像的研究和应用中,人们往往对图像中特定的、具有独特性质的区域感兴趣,通常称之为目标或前景。图像分割是把图像分割成具有不同特性的区域,并提取出感兴趣对象的过程[4]。从20世纪70年代起图像分割问题就吸引了众多研究人员的兴趣,是图像处理中的一个经典难题。在图像分割领域学者们已经提出了上百种分割方法,但每种方法都局限于特定的分割对象,所以到目前为止还未发现一个通用的方法。比如,由于局部体效应或者病变组织等影响而导致CT医学图像中待检测的目标物体灰度不均匀和边界模糊,水下图像和超声图像中的信噪比低等对分割技术的精度和抗噪性有较高的要求。图像分割是从图像处理到图像分析的关键步骤,比如对特定目标的提取或者对某些参数的测量需要在图像分割的基础上进行。

图像分割是将整个图像区域分割成若干个互不相交的非空子区域的过程,每个子区域内部连通,且同一区域内部具有相同或相似的灰度、颜色、纹理等特性。对于灰度图像,区域内部的像素通常具有灰度相似性,而在区域边界处具有灰度不连续性。图像分割的数学描述为[4]:

设整个图像区域为Ω,区域上相似性测量的逻辑准则为$f(\cdot)$,对整个图像区域Ω的分割就是把Ω分成满足如下条件的非空子区域$\Omega_1,\Omega_2,\cdots,\Omega_m$:

① $\bigcup_{i=1}^{m}\Omega_i=\Omega$;

② 对于所有的i和j,$i\neq j$,有$\Omega_i\cap\Omega_j=\varnothing$;

③ 对于$i=1,2,\cdots,m$,有$f(\Omega_i)=\text{TRUE}$;

④ 对于$i\neq j$,有$f(\Omega_i\cup\Omega_j)=\text{FALSE}$;

⑤ 对于$i=1,2,\cdots,m$,Ω_i是连通的区域。

根据上述通用的图像分割的定义,分割出的各个区域需同时满足均匀性[指该区域的所有像素点均满足一些特征(如灰度、纹理、彩色等)的某种相似性]和连通性(指存在连接该区域内任意两个点的某条路径全部在该区域内)的条件。

典型的图像分割方法有:① 基于区域的MS模型等二阶模型,主要利用区域内灰度的相似性;② 基于曲线进化的演变活动轮廓模型、Snake主动模型、测地线活动轮廓模型等,主要利用区域间灰度的不连续性;③ 基于区域和边界技术相结合的方法。根据使用的知识特点与层次,图像分割方法包括:① 数据驱动分割,利用先验知识直接对图像进行处理;② 模型驱动分割,需要建立在先验知识的基础上。根据分割过程处理策略不同,图像分割方法包括:① 并行算法,分割过程中的判断和决定可独立同时进行;② 串行算法,分割过程的后续处理需要前期结果。由于不同类型的图像在分割中的难点不同,因此图像分割作为前沿学科充满了挑战,引起了众多学者的关注,尤其是最近几年,越来越多的交叉学科的研究人员将一些新的理论和方法应用于图像分割。

1.2.2 研究动态

图像分割是图像处理中的一个基本难题。它在医学成像、物体检测、视频监控等方面具有广泛的应用。在过去的 30 年中，学者们已经提出了许多不同的方法来解决这个问题。这些方法包括基于区域的、基于边界的和基于特定理论的方法。其中基于区域的方法有阈值法、区域生长法、分水岭分割法等；基于边界的方法有基于曲面拟合、基于边界曲线拟合、基于反应-扩散方程的方法以及多尺度方法等；基于特定理论的方法有基于模糊理论[70]、基于支持向量机、基于小波变换的方法等。

1.2.2.1 传统的图像分割方法

传统的图像分割方法包括基于区域的分割方法、基于边界的分割方法和基于区域和边界技术相结合的分割方法。

1.2.2.1.1 基于区域的分割方法

基于区域的分割方法是以直接寻找区域为基础的分割技术，基本思想是根据图像数据特征将图像空间划分为不同的区域。即根据图像灰度、纹理、颜色和图像像素统计的均匀性等图像的空间局部特征，把图像中的像素划归到各个物体或区域中，进而将图像分割成若干个不同区域的一种分割方法。基于区域的分割方法主要有阈值法、区域生长法、分裂合并法、聚类分割法和分水岭分割法等。

(1) 阈值法

阈值法的基本原理是通过设置不同的特征阈值，将像素点分为若干类。阈值法是一种常用的并行区域技术，其中阈值用于区分不同目标的灰度值。如果图像中只有目标和背景两大类，那么只需要选取一个阈值，称为单阈值分割；如果图像中有多个目标，就需要选取多个阈值将各个目标分开，称为多阈值分割。阈值法分割的结果依赖于阈值的选取，因此阈值的设定是阈值法的关键。可以简单地将阈值法分为全局阈值、局部阈值和模糊阈值。常用的全局阈值选取有利用图像灰度直方图的峰谷法、最小误差法、最大类间方差法、最大熵自动阈值法及一些其他方法。阈值分割的优点是计算简单、运算效率高、速度快，对灰度相差很大的不同目标和背景能够进行有效的分割。当图像灰度差异不明显或者不同目标的灰度值范围有重叠时，应采用局部阈值或者模糊阈值，但效果也不是很明显。缺点是阈值法只考虑了图像像素的灰度值而没有考虑空间信息，因而对噪声敏感，对从事图像分割人员的先验知识依赖过强。在阈值的设置上还没有很好的解决方法，将遗传算法用在阈值的筛选上，选取能最优分割图像的阈值，可能是基于阈值分割的图像分割法的发展趋势；在实际应用中，阈值法通常与其他方法结合使用，可以作为图像分割的第一次分割。

(2) 区域生长法

区域生长法的基本原理:从若干种子点或种子区域出发,按照一定的生长准则,对领域像素点进行判别并连接,直到完成所有像素点的连接。区域生长法是一种典型的串行区域分割方法,其特点是将处理过程分解为多个顺序步骤,其中后续步骤的处理要根据对前面步骤结果进行判断后再确定。采用区域生长法的关键在于种子点的位置、生长准则和生长顺序等。其中种子点可以采用人工交互或者自动方法设定,生长准则往往和具体问题有关,直接影响最后形成的区域,如果选取不当就会造成过分割和欠分割的现象。区域生长法的优点是计算简单,对于较均匀的连通目标有较好的分割效果。其缺点有:① 需要确定种子点,对噪声敏感,可能导致区域内部有空洞且分割结果和种子点的选择有很大关系;② 由于它是串行算法,当目标较大时,分割速度较慢,因此在设计算法时,要尽量提高算法的高效性;③ 对图像中不相邻而灰度值相同或相近的区域,不能一次分割出来,只能一次分割一个区域。区域生长法很容易产生图像过分割的现象,分水岭算法就是典型的例子。因此在实际应用中,经常将区域生长法与其他方法相结合,特别是与分裂合并法和基于边界的分割方法相结合,以期获得更好的分割结果。另外,模糊连接度方法与区域生长法结合也是一个发展方向。

(3) 分裂合并法

分裂合并法的基本原理是从整幅图像出发,逐步分裂合并得到各个区域。一种利用四叉树表达方法的分割方法如下:

R 代表整个正方形图像区域,P 代表检验准则。

① 对任意区域 R_i,若 $P(R_i) = \text{FALSE}$,就将其分裂为不重叠的四等份。

② 对相邻的两个区域R_i,R_j,若 $P(R_i \cap R_j) = \text{TRUE}$,就将它们合并。

③ 若进一步地分裂和合并都不可能了,则结束。

分裂合并法的关键是分裂合并准则的设计。分裂合并法的优点是对复杂图像的分割或者是对自然景物等先验知识不足的图像分割效果较好。其缺点是算法较复杂,计算量大,分裂还可能破坏区域的边界。

(4) 聚类分割法

(特征空间)聚类分割法的基本原理是将图像空间中的像素用对应特征空间点表示,根据它们在特征空间的聚类对特征空间进行分割,然后将它们映射回原图像空间,得到分割结果。聚类总体上包括硬聚类、概率聚类、模糊聚类等方法。目前,聚类方法中常用的有模糊 C-均值算法(FCM)、K 均值算法、EM 和分层聚类。

FCM 算法是基于目标函数的非线性迭代最优化方法,其基本思想是使目标函数或价值函数最小,利用初始化确定若干个初始聚类中心,通过多次迭代循环，不断调整和优化聚类中心，最终使类内方差最小，从而实现聚类。该算法是一种非监督模糊聚类后再标定的过程，适用于分割有模糊性和不确定性特点的医学图像，如超声图像。其优点是：① 可形成原始图像的细致的特征空间，不会产生偏移；② 无需人为干预，分割过程是完全自动的；③ 对噪声敏感度较低。

其缺点是：① 该算法在应用到大数据量时，收敛速度慢，耗时多；② 易于受初始值的影响，初始值的选取会影响算法的收敛速度，不当的初始值可能使算法陷入局部极小点，得到错误的结果；③ 传统的 FCM 没有考虑空间信息，对噪声和灰度不均匀敏感。

特别地，对单特征的医学图像（如 MRI），不宜直接使用该方法进行分割，可在原图像基础上构造冗余特征图，新特征将充分考虑图像像素间特征相关性和空间连通性，再利用 FCM 在二维特征空间进行分割。再比如利用 FCM 分割脑 MRI 图像中的白质、灰质和脑脊液的组织结构，MRI 图像由于成像过程中许多因素的影响，几乎都存在不均匀的特点，为此出现了两类改进方法：第一种方法是对不均匀图像先校正再进行分割；第二种方法是分割的同时补偿偏移场效应（已取得成功）。

K 均值算法是先选 K 个初始类均值，然后将各个像素归入离它最近的类并计算新的类均值，迭代执行前面的步骤直到新旧类均值之差小于某一阈值。EM 算法是把图像的每一个像素的灰度值看作几个概率分布（一般用高斯分布）按一定比例的混合，通过优化最大后验概率的目标函数来估计这几个概率分布的参数与它们之间的混合比例。分层聚类是通过一系列类别的连续合并和分裂完成的，聚类过程可以通过利用一个类似树的结构来表示。

（5）分水岭分割法

分水岭分割方法是一种基于拓扑理论的数学形态学的分割方法，目前较著名且使用较多的有两种算法：一种是自下而上的模拟泛洪的算法；另一种是自上而下的模拟降水的算法。

这里介绍泛洪算法的思想：此地形中最低区域（种子区域）即为盆地，当水从盆地不断浸入其中，则该地形由谷底向上逐渐地被淹没；当两个集水盆地的水将要汇合时，可在汇合处建立堤坝，直到整个地形都被淹没，从而就得到了各个堤坝（分水岭）和一个个被堤坝分开的盆地（目标物体）。分水岭算法的优点在于，它可以得到单一像素宽度的连续边界，能检测出图像中粘连物体的微弱边缘，能够准确定位边缘，运算简单，易于并行化处理。其缺点是对图像噪声极为敏感，易产生过分割，对低对比度图像易丢失重要轮廓。其主要应用是从背景中提取出接近一致的目标。由于变化较小的灰度表征的区域有较小的梯度值，因此，在实践中经常采用分水岭分割梯度图像，而不是应用于图像本身。

1.2.2.1.2　基于边界的分割方法

基于边界的分割方法是人们最早研究的方法，也是研究最多的方法。它利用不同区域间像素灰度值不连续的特点检测出区域间的边缘，从而实现图像的分割。根据处理的顺序不同，可将基于边界的分割方法分为串行边缘检测和并行边缘检测。串行边缘检测指当前像素点是否属于欲检测边缘上的点取决于先前像素的验证结果。并行边缘检测指当前像素点是否属于欲检测边缘上的点取决于当前像素点及其邻近像素点，从而该方法可以同时用于图像中所有的像素点。

(1) 基于曲面拟合的方法

基于曲面拟合方法的基本原理：将灰度看成高度，用一个曲面来拟合一个小窗口内的数据，然后根据该曲面来决定边缘点。该方法是一种基于局部函数图像的方法。

(2) 基于边界曲线拟合的方法

基于边界曲线拟合的方法的基本原理：根据图像梯度等信息找出能正确表示边界的(平面)曲线从而达到图像分割的目的。由于它直接给出的是边界曲线而不是离散的、不相关的边缘点，因而对图像分割的后续处理(如物体识别等高层处理)有很大的帮助。即使用一般方法找出边缘点，用曲线来描述边缘点以便于高层处理也是经常采用的一种有效的方式。

(3) 并行微分算子法(图像滤波法)

并行微分算子法的基本原理：基于对平滑滤波后的图像求一阶导数的极大值或二阶导数的过零点(零交叉点)来决定边缘。更具体讲，为减少噪声对图像的影响，通常在求导前先对图像进行滤波，图像滤波是用某个滤波算子与图像作卷积运算：

$$\frac{\mathrm{d}}{\mathrm{d}x}(f(x)*g(x))=\frac{\mathrm{d}}{\mathrm{d}x}f(x)*g(x)=f(x)*\frac{\mathrm{d}}{\mathrm{d}x}g(x)$$

可见，对滤波算子与图像的卷积结果求一阶导数，相当于用算子的一阶导数与图像作卷积，高阶导数有同样的结果。这样，只要先给出算子的一阶或者二阶导数，就可以将图像平滑滤波与对平滑后的图像求一阶或二阶导数在一步完成，是一种并行边界技术。常用的一阶导数算子有梯度算子、Prewitt 算子和 Sobel 算子，二阶导数算子有 Laplacian 算子，还有 Kirsch 算子和 Wallis 算子等非线性算子。梯度算子不仅对边缘信息敏感，而且对像素点也很敏感。图像滤波法的关键是滤波器的设计。常用的滤波器主要是高斯函数的一阶和二阶导数，高斯函数的一阶导数在噪声抑制和边缘检测间取得了较好的平衡。高斯函数的二阶导数产生的 LOG(Laplacian of Gaussian)算子，对噪声比较敏感，并且由于其产生的是 2 像素宽的边缘，所以很少直接用于边缘检测，通常在已知边缘像素后用于确定该像素是在图像的明区还是暗区。还有可控滤波器和 B-样条滤波器。采用并行微分算子方法的问题是一阶导数的极大值或二阶导数的过零点对应的像素点是否真的就是边缘点。近年来出现了一些文章给出确定真伪边缘点的方法，基本采用的是对边缘点的强度用某些准则或方式设置一个阈值的方法。

(4) 多尺度方法

多尺度方法中的尺度有两种不同的定义：一种指滤波尺度，即滤波器采用的窗口宽度；另一种指空间和灰度的尺度。多尺度滤波的基本原理：利用不同尺度的滤波算子对图像进行卷积，并考察由此得到的边缘点随尺度变化而具有的性质，结合多种尺度下的信息最终决定边缘点。常用的多尺度滤波算子是 LOG 算子，这种算子的尺度就是高斯函数的方差 δ，因为对于高斯函数而言，距离其均值 3δ 以外的函数值极小，在离散采样的情况下可以忽略，从而方差 δ 就决定了滤波算子的窗宽，一般是距中心 3δ。1986 年，人们就通过各种角度证明了高斯核函数满足所谓的尺度定理，即高斯核函数是具有随着尺度增加不会检测到新的边缘点这一性质的唯一函数。在较粗的尺度下，能相对较准确地检测到实际边缘点去掉伪边缘点，但对边缘点的定位不准确；在细的尺度下，对边缘点的定位较准确，但会检测出很多伪边缘点。因此尺度定理保证了利用 Gaussian 核函数可以随着尺度的增大，伪边缘点会被逐步去掉，而不产生新的伪边缘点。这样就可以先在较粗的尺度下检测边缘点，然后逐步减少尺度，跟踪到细尺度下去给边缘点准确定位。由于图像的复杂性，对图像中不同区域不加区分地采用同样尺度的滤波器会带来检测、定位不准确等问题。

(5) 多分辨率方法

多分辨率方法的基本原理：较大的物体能在较低的分辨率下存在，而噪声却不能，因此从初始图像用规则或不规则的方式逐步降低分辨率，得到金字塔形的一个图像序列，再在此基础上进行图像分割。多分辨率方法一般与其他方法一起使用，这里仅介绍两种比较纯粹的基于多分辨率的方法：一种是用规则方式生成图像序列，即上一幅图像是由下一幅图像通过取构成一个小方块的相邻四个点的均值作为一点从而将图像的分辨率降低一半得到的；另一种是用不规则方式生成图像序列，如采用图来连接不同分辨率下的图像之间的对应点。确定性超栈（多分辨率图像序列）就是每个子节点（较高分辨率下的像素点）仅与一个父节点（相邻较低分辨率下的像素点）连接；随机性超栈是每个子节点以一定概率与多个父节点连接。

(6) 基于反应-扩散方程的方法

基于反应-扩散方程方法的基本原理：从传统意义上的 Gaussian 核函数多

尺度滤波得到，多尺度滤波是将原始图像 $I(x,y,0)$ 与 Gaussian 核函数 $G(x,y,t)$（其中 t 是方差即尺度）来作卷积得到图像 $I(x,y,t)$，即 $I(x,y,t)=I(x,y,0)*G(x,y,t)$。1986 年，Hummel 指出上式可看作热传导扩散方程。

$$I_t = \Delta I = I_{xx} + I_{yy}$$

1990 年，Perona 等提出非线性扩散方程：

$$I_t = \mathrm{div}(c(x,y,t)\nabla I) = c(x,y,t)\Delta I + \nabla c \cdot \nabla I$$

其中，$c(x,y,t)$ 是扩散系数，且 $c(x,y,t)=g(\|\nabla I(x,y,t)\|)$；$g$ 是一个非负单调减函数，即扩散系数随着图像梯度的增加而减小。这样就保证了区域内部（∇I 小）以较快的速度扩散，边缘点（∇I 大）则不再扩散，从而起到边缘增强的作用，但噪声也会被增强，为避免这一问题，可先对图像进行平滑滤波再进行非线性扩散。

(7) 串行边界查找法

串行边界查找法的基本原理：查找高梯度值的像素点，然后将它们连接起来形成曲线表示对象的边缘。缺点是串行边界查找法通常受起始点的影响，以前检测到的结果对下一像素的判断有很大影响。困难是如何连接高梯度的像素点，因为通常它们是不相邻的，而且由于噪声也是高频的，可能会造成一些错误边缘点的检测。最具代表性的串行边界查找法是将边缘检测问题转化为图论中寻求最小代价路径的问题，称图搜索。求最小代价有两种方法：一种是贪婪法，即通过全局搜索找到最小代价的路径，缺点是计算量太大；另一种是动态规划的优化方法，为加快运算速度只求次优解。

(8) 基于形变模型的方法

基于形变模型的方法的基本原理：使用从图像数据得到的约束信息（自底向上）和目标位置、大小和形状等先验知识（自顶向下），可有效地对目标进行分割、匹配和跟踪分析。从物理学角度，可将形变模型看作一个在施加外力和内部约束条件下自然反应的弹性物体。形变模型包括形变轮廓模型（Snake 模型）和三维形变表面模型。基于形变轮廓模型的分割过程就是使轮廓曲线在外能和内能的作用下向物体边缘靠近，外力推动轮廓运动，内力保持轮廓的光滑性。三维形变表面模型是活动轮廓模型在三维空间的推广形式，可以更高效、更快地利用三维数据，且更少地需要人机交互或指导。形变模型的主要优点是能够直接产生闭合的参数曲线或曲面，并对噪声和伪边界有较强的鲁棒性。还有一些形变模型利用了形状先验知识和标记点集合等先验知识，可使分割结果更科学和准确。缺点是参数形变模型的固定参数与内部能量约束限制了几何灵活性，不能随意改变拓扑形状，并且对初始形状较敏感。为此，研究人员提出了多种方法克服其局限性，提高算法自动化程度，同时维持形变模型的原有优点。一种方法是改进约束和交互支配模型的能量或内、外力函数;另一种方法是结合水平集(level set)曲线演化技术,提出了几何形变模型的方法。轮廓对应于一个更高维曲面演化函数的零水平集,可用某种形式的偏微分方程来表示演化函数,利用图像信息(如边缘)来控制曲面演化过程的停止。该方法的主要特征是可以自然地改变拓扑,因为水平集不需要被简单连通,即使在水平集改变拓扑时,更高维表面仍能维持一个简单函数。偏微分方程控制波前演化,当引入一些其他控制机制(如内部形变能量和外部用户交互时),隐含公式远没有参数公式方便;并且更高维的隐含表面公式不容易间接通过更高维表示在水平集上施加任何几何或拓扑约束,因此隐含公式可能会限制分割的易用性、高效性和自动程度。

(9) 边界跟踪法

边界跟踪分为两种。一种是区域边界未知,但区域本身在图像中已经定义,那么边界可通过确定区域的内边界和外边界来唯一检测。相应的边界跟踪法分为 4 邻域跟踪和 8 邻域跟踪,内边界可以通过 4 邻域和 8 邻域跟踪,外边界使用 4 邻域跟踪,扩展边界(相邻区域的单一共同边界)使用 8 邻域跟踪,查表法使得跟踪效率比传统方法要高,并且可使用并行算法。另一种是在没有定义区域的灰度图像中跟踪边界,这种情况下,区域边界可以使用图像中高梯度像素的简单路径来表示。边界跟踪从作为边界像素概率高的点开始,把最有可能方向上的下一元素加入,为了找到后续边界元素,通常要计算在可能边界延续像素处的边界梯度的幅度和方向。

(10) 边缘松弛法

边缘松弛法的基本原理:根据给定的边缘上下文规则来定义,是一种迭代方法。其中边缘的信度或者收敛到边缘终结或者收敛到边缘形成边界。边缘松弛法是一种并行技术,可以极大提高速度,但是经过较大数目的迭代后常常会产生漂移,得到比预期差的结果。

1.2.2.1.3 基于区域和边界技术相结合的分割方法

边缘检测能够获得灰度或彩色值的局部变化强度,区域分割能够检测特征的相似性与均匀性。基于区域和边界技术相结合的分割方法的基本原理:结合边缘检测和区域分割的优点,通过边缘点的限制避免区域的过分割,同时通过区域分割补充漏检边缘,使轮廓更完整。基于区域与边界技术相结合的方法比单独的方法更有效,但是,大多数仍需要好的初值避免局部最小,且多数方法将先验模型用于基于区域的统计,在无法获得先验知识的情况下这些方法的可用性较差。

1.2.2.2 结合特定理论的图像分割方法

近年来,随着各学科新理论和新方法的提出,人们也提出了一些结合特定理论、方法和工具的图像分割技术。由于图像分割技术至今尚未形成自身的理论，所以每当有新的数学工具或方法提出来，人们就尝试着将其用于图像分割，因此提出不少特殊的算法。例如，基于数学形态学的方法、基于模糊理论的方法、基于神经网络的方法、基于支持向量机的方法、基于图论的方法、基于免疫算法的方法、基于粒度计算理论的方法、基于小波变换的方法及基于统计学的方法等。

我们主要关注的是基于偏微分方程的图像分割方法，典型的有演变活动轮廓模型，使得这些轮廓可以位于物体边界[71-72]上。经典的 Snake 主动模型由 Kass 等[71]提出，其中主动轮廓通过内部力(例如规则性)和外部轮廓从图像强度的不均匀分布驱动到期望的边界。随后，Casesllles 等[73]提出使用测地线活动轮廓进行图像分割。

文献中还有许多基于区域的图像分割模型，它们并非使用曲线进化而是采用变分思想[74-77]。最有名的变分模型之一是 1989 年由 Mumford 和 Shah 提出的 Mumford-Shah 模型[75]：

$$F^{MS}(u,C)=\mu\text{Length}(C)+\lambda\int_{\Omega}|u_0-u|^2\mathrm{d}x\mathrm{d}y+\nu\int_{\Omega\backslash C}|\nabla u|^2\mathrm{d}x\mathrm{d}y \tag{1-21}$$

其中，第一项为正则项，第二项为数据保真项，第三项为平滑项。他们将给定的图像作为一个函数进行处理，通过最小化某些设计的泛函来搜索其分段平滑近似，并将对象边界定义为近似函数的相邻小块之间的过渡。事实上，除了图像分割之外，Mumford-Shah 的模型还存在很多变形，几乎可应用于图像处理中的所有研究内容，如图像去噪、修补和配准等。2001 年，Chan 和 Vese 提出的无边界的活动轮廓(Chan-Vese)模型[72]，可以看作是 Mumford-Shah 模型的一个特例(也称为二相流分片常数 MS 模型)，它寻求一个二值图像来使用水平集函数[78]近似给定的图像，且给出了多相流分片常数 MS 模型[79][式(1-22)]用来分割出多个目标区域。

$$\begin{aligned}E^{CV}(\varphi,c_1,c_2)=\mu&\int_{\Omega}\delta(\varphi(x,y))|\nabla\varphi(x,y)|\mathrm{d}x\mathrm{d}y+\\&\int_{\Omega}H(\varphi(x,y))|I(x,y)-c_1|^2\mathrm{d}x\mathrm{d}y+\\&\int_{\Omega}(1-H(\varphi(x,y)))|I(x,y)-c_2|^2\mathrm{d}x\mathrm{d}y\end{aligned} \tag{1-22}$$

2006 年由 Esedoglu 等[80]提出了基于 MBO[81]的 MS 模型：

$$MS_{\epsilon}(u,c_1,c_2)=\int_{\Omega}\left(\epsilon|\nabla u|^2+\frac{1}{\epsilon}W(u)\right)\mathrm{d}x\mathrm{d}y+$$

$$\lambda\int_{\Omega}\{u^2(c_1-f)^2+(1-u)^2(c_2-f)^2\}\mathrm{d}x\mathrm{d}y$$

$$\text{当 } \epsilon\to 0 \text{ 时}, MS_\epsilon \xrightarrow{\tau} MS \tag{1-23}$$

尽管它们的形式不同,但上述分割模型都是基于灰度的,也就是说,它们的输出主要依赖于给定图像的灰度值。但是,由于真实图像的性质,真实图像可能不能被灰度值很好地定义。具体来说,对象的某些部分可能会被其他部分遮挡,甚至丢失。例如,在医学图像中,靶器官可以与其他器官或组织混合。因此,这些基于强度的模型可能无法成功分割出感兴趣的对象。为了解决这个问题,可将先前的分割模型进行合并处理[82]。另一种可能的方法是对这些活动轮廓施加有效的规律性条件。最近,在文献[83,84]中,作者通过使用欧拉弹性函数作为活动轮廓的正则化提出分割模型。这些模型能够集合缺失或破碎的部分以形成完整的、有意义的对象,并且它们比 Chan-Vese 模型更适合捕获具有细长结构的物体。

实际上,自从 Nitzberg 等[85]对图像分割深入研讨以来,欧拉弹性已被广泛应用于图像处理中的变分模型的开发[60,83-84]。例如,Chan 等[86]将欧拉弹性函数作为内插问题的内插器。他们的模型能够连接相对较大的间距,这是通过使用基于总变差的调节器无法实现的。尽管这些高阶模型能够有效地完成图像修复、去噪和分割中的许多任务,但由于相关的欧拉-拉格朗日方程是高度非线性和四阶的,因此它们在理论分析和数值计算上都难以处理。与 Rudin-Osher-Fatemi 模型[12]等低阶变分模型相比,这些曲率依赖模型可以实现更多的功能,但需付出更多的计算代价。

本书提出了一种新的变分模型,它利用了高阶偏微分方程的优点,并且比那些基于欧拉弹性函数的模型更容易处理。具体而言,我们使用 Cahn-Hilliard 方程和强度拟合项来进行图像分割。这个想法主要来源于 Cahn-Hilliard 方程的属性,该方程描述了二元流体的相分离过程。虽然 Cahn-Hilliard 方程仍然是四阶的,但与欧拉弹性函数相关的欧拉-拉格朗日方程相比,它的最高阶项是线性的,这明显降低了其数值求解的难度,也使得这种模型的理论分析有了强有力的数学工具。事实上,Cahn-Hilliard 方程也已被用于图像处理领域[87-88]。Bertozzi 等[87]提出了使用 Cahn-Hilliard 方程进行二值图像修复,Cherfils[88]对灰度图像进行了多相修复。

与 Esedoḡlu 的论文中使用的数值方法不同,本书应用一种新的数值方法,即量身定做有限点方法(TFPM)来求解我们提出的模型。TFPM 最初由 Han 等[23]提出,用于解决奇异摄动问题,以有效捕捉边界层/内层效应。它的优点在于可以很好地保持问题界面,因为 TFPM 在设计格式时采用了相关问题的特征信息。最近,我们已经应用这种技术来求解由 Yang 等[89]提出的 Rician 去噪和去模糊模型，并且由数值结果对比可见图像质量得到明显提高。

关于图像分割，本书的主要贡献在于以下两个方面：

① 提出了一种利用 Cahn-Hilliard 方程的新的分割模型，并且给出了所提出模型的理论分析，包括模型弱解的存在性和唯一性。

② 应用 TFPM 技术求解所提出的模型，保证了很好的分割质量。

1.3　主要研究内容和章节安排

本书主要研究量身定做有限点方法在图像去噪、去模糊、图像修复、图像超分辨率重建和图像分割领域的应用。图像反问题求解的最大困难在于大多数反问题都呈现出不适定性，也就是说反问题的算子矩阵即图像的退化矩阵是奇异的或者接近奇异的(不可逆的或者病态的)。这就导致求得的结果对于微小扰动极其敏感。在图像上具体表现为：即使观测图像仅含有低强度噪声，也会使得重建结果包含大量高强度噪声而难以接受甚至还不如观测图像，或者边缘变得很模糊。高质量的图像重建，就是要求既要保持图像的平滑性，又要保持图像的细节特征(图像边缘等)。达到这些要求目前依然存在诸多挑战。针对图像分割，我们提出使用修正 Cahn-Hilliard 模型来处理目标区域含有大的断裂的情形；针对图像处理中的阶梯效应，我们改进了全变分模型，在图像灰度梯度较大的区域采用全变分作为正则化算子，而在图像灰度梯度较小的区域采用 Tikhonov 正则化算子，兼顾了图像的平滑性和边缘特征。我们注意到在数值算法的求解过程中，会产生带有小参数的抛物型方程或椭圆型方程(奇异摄动问题)的子问题，通常使用一般的差分格式或谱方法进行求解。例如，为了求解线性椭圆型方程，五点格式被广泛用于离散拉普拉斯算子。在某种意义上，五点格式相当于用多项式逼近方程的解，不利于保持图像边缘信息。奇异摄动的退化问题通常会导致偏微分方程降阶或方程类型改变，从而使原来的定解条件不再适定，其解一般会含有边界层或内层，解本身或其导数在此区域内变化剧烈，使得这类问题的理论分析和数值求解都很棘手。针对这个问题，我们将 Han 和 Huang 等提出的量身定做有限点法(tailored finite point method，TFPM)应用到图像处理过程产生的奇异摄动问题的数值求解中，它能够在一个比较粗糙的网格上捕捉到解所包含的细微结构。

本书共分为 7 章，各章主要研究内容如下：

第 1 章(绪论)主要介绍了图像复原和图像分割的问题背景、研究意义及国内外研究动态，并详细阐述了各个领域中使用最为广泛和主流的模型。

第 2 章(反问题及其正则化技术)概括介绍了数学物理反问题的定义、反问题不适定性(病态)的定义、求解反问题的正则化技术和图像处理中的正则化技术。求解反问题的正则化方法需要构造正则化算子和选取正则化参数,这里介绍了正则化算子的构造方法,包括使用过滤器、基于变分原理的正则化方法、基于小波变换的正则化方法、基于图像稀疏表示的正则化方法和迭代正则化方法等;常见的参数选择方法有基于 Morozov 偏差原理的方法、广义交叉验证(GCV) 和 L-曲线方法。

第 3 章(图像去噪和去模糊)针对的噪声主要是 Rician 噪声和 Gaussian 噪声,模糊主要是 Gaussian 模糊。首先,回顾了 Split Bregman 方法和量身定做有限点方法;然后,提出了在使用增广拉格朗日方法最小化 Rician 去噪和去模糊模型[1]时,应用 TFPM 来求解子问题中所得到的椭圆型或抛物型方程(奇异摄动问题),并且讨论了此模型最小化解的存在性;提出了一种基于平均曲率正则化的图像去噪模型,数值算法采用增广拉格朗日方法(ALM)和定做有限点方法(TFPM)相结合的新算法。最后进行了多组数值模拟实验,以验证所提出模型和数值方法的有效性和可靠性。

第 4 章(基于 Cahn-Hilliard 方程的图像分割)针对背景中含有强噪声,或者要分割的目标区域含有大的断裂(灰度不连续)的情形,提出一种新的基于修正 Cahn-Hilliard 方程的图像分割模型,讨论了该模型的适定性,包括弱解的存在性和唯一性。这个模型可适用于灰度图像、彩色图像和多相分割。我们给出了基于 TFPM 求解该模型的数值方法。通过多种情形下的数值实验,验证了我们所提出的模型的优势以及数值方案的有效性。

第 5 章(图像修复)介绍能够修复含有大范围图像信息缺失的四阶修正的 Cahn-Hilliard 模型,其中对于二值图像采用双势阱泛函,对于灰度图像采用 Lyapunov 泛函。对于灰度图像采用复值形式计算,数值格式使用 TFPM,与常用的凸分裂算法比较,所需选取的参数更少,且计算的结果更加精确,修复的图像更加清晰。

第 6 章(图像超分辨率重建)提出了一种基于全变分的图像超分辨率模型来改善全变分的阶梯效应。作为 Markina-Osher(MO)模型的一个变形,本书提出的模型在图像灰度梯度较大的区域采用全变分作为正则化算子,而在图像灰度梯度较小的区域采用 Tikhonov 正则化算子。数值算法采用增广拉格朗日方法(ALM)和量身定做有限点方法(TFPM)相结合的新算法,比标准的数值格式更有助于保持灰度跳跃部分,能更好地沿边界还原图像信号。

第 7 章(结论与展望)对本书的研究工作进行了总结,同时对未来的研究方向提出了展望。

第 2 章　反问题及其正则化技术

2.1　反问题

近年来，随着科学技术的不断深化和工程技术的迅猛发展，反问题已经成为应用数学中发展和成长最快的领域。何谓反问题？顾名思义，反问题是相对正问题而言的。举一个简单的例子：已知一个多项式的表达式 $f(x)$，求出其在一些点$x_i(i=1,2,\cdots,n)$上的函数值，这就是一个正问题。一般正问题的解是存在的（多项式在每个点都有函数值）、唯一的（每个点上的函数值是唯一的）、稳定的（多项式表达式有个小的扰动，其函数值也只会有一个小的扰动）。反问题则不同。比如已知一个函数在三个点上的值 $(x_1,f(x_1))$，$(x_2,f(x_2))$，$(x_3,f(x_3))$，想反求这个函数的表达式，这就是反问题：知道结果求原因。反问题的解有可能不存在（比如给定的三个点不在一条直线上，但想找一条直线来通过这些点就做不到）；或者存在但不唯一（比如给定了三个不同的点，那么可以构造无穷多个三次多项式通过这些点）；或者存在唯一但不稳定（比如可以构造一个二次插值多项式通过这三个点，但是如果对这些点做一个小的扰动，其新的插值多项式表达式可能会变化很大）。

所谓正问题，一般按照某种自然顺序（时间顺序、因果顺序、空间顺序等）来研究系统的分布形态或演化过程，即已知输入和系统求输出；反问题相对正问题而言，它是根据系统的演化结果，由可观测的输出现象来探求系统的内部规律或所受的外部影响，即已知输出和系统求输入。数学物理反问题简称反问题，如根据系统和目前状态推导出系统过去的状态或想知道如何介入当前状态或者调整某些参数去控制系统，以便实现人们期望的结果。其在数学领域中发展迅速，并且在如逆散射问题、医学成像、生理测量、地球物理、无损检测（材料裂纹）、目标识别（雷达）以及图像处理等科技与工程领域中具有广泛的应用。但反问题常常是非线性的、不适定的，如存在由于原始数据的微小误差而带来的数值近似解与真解的严重偏离，或由于原始数据根本就不属于问题真解对应的数据集而导致的近似解不存在等难点。因此，我们也称先前被研究得相对充分的问题为正问题；在两个相互为逆的问题中，若问题的解不连续地依赖于原始数据，则称其为反问题。因此，反问题总是和不适定性紧密相连，若不采用特殊的方法求解，将得不到合理的解，求解反问题比求解正问题更困难。

下面举例说明。

例 2.1.1 （CT 技术中的反问题）考虑通过人体的某一平面，$\rho(x,y)$表示点(x,y)处的密度，L 为平面上任意一条直线。假设我们发射一束薄的 X 光束沿直线 L 穿过人体，并且测量 X 光穿过人体后的强度变化。设直线 L 用参数(s,δ)表征，射线$L_{s,\delta}$可表示为 $se^{i\delta}+iue^{i\delta}\in\mathbf{C}$，其中 $s\in\mathbb{R}$，$u\in\mathbb{R}$，$\delta\in[0,\pi]$，$\mathbf{C}$ 代表复平面$\mathbb{R}^2$。X 光检测机就是利用低能量 X 光，快速检测透过被检测物的光束强度。强度 I 的衰减可近似地表示为：

$$\mathrm{d}I=-\gamma\rho I\,\mathrm{d}u$$

其中，γ 为一个不变常数，沿着直线 L 积分将有：

$$\ln I(u)=-\gamma\int_{u_0}^{u}\rho(se^{i\delta}+iue^{i\delta})\mathrm{d}u$$

若密度 ρ 是紧支的，则强度衰减可表示为 $\ln I(\infty)=-\gamma\int_{-\infty}^{\infty}\rho(se^{i\delta}+iue^{i\delta})\mathrm{d}u$。原则上，由强度的衰减，我们可以计算所有的线积分：

$$(R\rho)(S,\delta):=\int_{-\infty}^{\infty}\rho(se^{i\delta}+iue^{i\delta})\mathrm{d}u$$

称 $R\rho$ 为ρ的拉东变换。于是，正问题为已知密度 ρ，计算拉东变换 $R\rho$；反问题为已知拉东变换 $R\rho$，计算密度 ρ。

例 2.1.2 （数字遥感影像的恢复）数字遥感影像在获取的过程中，会受到反射、衍射、噪声等影响，使得记录下来的影像相对于原始物存在噪声、模糊甚至信息丢失等质量衰退现象，可以将此图像质量降质的成像过程表示为

$$g(x,y)=\iint h(x,y)f(\tilde{x},\tilde{y})\mathrm{d}x\mathrm{d}y+\eta(x,y)$$

其中，$g(x,y)$为降质图像，$h(x,y)$为降质函数，$f(\tilde{x},\tilde{y})$为原始物，$\eta(x,y)$为噪声。

在实际的数字遥感影像的恢复过程中，我们仅有降质图像，在含有噪声和降质函数的干扰下求解原始物，这就是一个反问题，一般也是不适定的。我们的目标是寻求稳定的数值求解方法，保证所得图像的真实性。

很多反问题都可以化为第一类 Fredholm 积分方程来研究，例如反向热传导方程、数值微分方程、Laplace 方程的 Cauchy 问题、图像处理以及地球物理反问题等。第一类 Fredholm 积分方程的求解问题，是一类特殊的反问题，具有反问题不适定性的特征。

在数学上，适定(well-posedness)的定义为：设 $\mathbf{X}$，$\mathbf{Y}$ 是赋范空间，$K:\mathbf{X}\to\mathbf{Y}$ 是(线性/非线性)映射，方程 $Kx=y$ 适定，如果下述条件成立：

① 存在性：对任给的 $y\in\mathbf{Y}$，存在 $x\in\mathbf{X}$，使得 $Kx=y$。

② 唯一性：对任给的 $y\in\mathbf{Y}$，至多有一个 $x\in X$，使得 $Kx=y$。

③ 稳定性：解 x 连续依赖 y，即对任给的 $Kx_n\to Kx\ (n\to\infty)$，有 $x_n\to x\ (n\to\infty)$。

若以上条件中至少有一个不成立，则称为不适定的或者病态的(ill-posed)。

2.2　正则化技术

2.2.1　一般的正则化技术

由于反问题的严重不适定性，而使得直接求解结果很不稳定，即初始数据的微小误差可能会导致数值解与真解的巨大差异。因此为了得到稳定的数值解，通常采用正则化技术求解该类问题。正则化方法，可以有效克服反问题求解中解的不稳定性，因此在反问题领域中不适定问题研究的一项重要内容就是如何建立有效的正则化方法。

假设我们要求解的不适定问题为 $Kx=y$，正则化策略就是采用一种有界线性算子

$$R_\alpha:\mathbf{Y}\to\mathbf{X} \tag{2-1}$$

其中，$\alpha>0$ 为正则化参数，使得对任给的 $x\in\mathbf{X}$ 有

$$\lim_{\alpha\to 0} R_\alpha Kx = x \tag{2-2}$$

正则化参数 $\alpha=\alpha(\delta)$ 称为可接受的，如果对任给的 $x\in\mathbf{X}$，当 $\delta\to 0$ 时有 $\alpha(\delta)\to 0$，且

$$\sup\{\, \| R_{\alpha(\delta)}\, y^\delta - x \| : y^\delta \in \mathbf{Y},\ \| Kx - y^\delta \| \leqslant \delta\} \to 0 \tag{2-3}$$

即当选取的正则化参数 $\alpha=\alpha(\delta)$ 使得 $R_\alpha\to\infty$ 的速度比 $\delta\to 0$ 的速度慢时可接受。求解偶对 (R_α,α) 即为求解 $Kx=y$ 的一个正则化方法。

因此，采用正则化方法求解不适定问题的稳定近似解的过程主要包括两个过程：① 构造正则化算子 R_α；② 选择可接受的正则化参数 α。

正则化算子和正则化参数的不同选取原则构成了不同的正则化方法。对于简单的积分算子可以采用正则化过滤器(能够得到最优正则化策略)构造正则化方法，对于混合算子经典的方法有 Tikhonov 正则化和 Landweber 正则化。正则化参数的作用是平衡正则化误差和扰动误差，常见的参数选择方法有基于 Morozov 偏差原理的方法、广义交叉验证(GCV)和 L-曲线方法。

首先，我们给出几种常用的正则化算子的构造方法。Tikhonov 正则化方法是求解如下能量泛函的极小值：

$$\| Kx - y^{\delta} \|_2^2 + \alpha \| Lx \|_2^2 \tag{2-4}$$

利用正则化法方程计算可得$x_{\alpha,L} = (K^* K + \alpha L^* L)^{-1} K^* y^{\delta} \triangleq K^{\#} y^{\delta}$。其中模型中的第一项是保真项，保证数值近似解与模型真实解的逼近程度；第二项是正则项，提高数值求解的稳定性，使数值解更平滑，即能够消除图像的高频部分，如噪声等。α 是正则化参数，过小会使得正则化效果不明显，过大会使得解过于平滑，即除去了解的过多的高频细节，与真实解的偏差太大。L 是正则化算子，一般取为单位算子或低阶的梯度算子等离散微分算子。Tikhonov 正则化是最优正则化策略，但其缺点是：① Tikhonov 正则化方法只适用于求解小规模的病态反问题；② $\| x_{\alpha,L} - x \| \to 0$ 的速度不超过$\delta^{\frac{2}{3}} \to 0$ 的速度；③ 不能改善Tikhonov正则化方法的收敛阶。即便定义 x 属于一个更光滑的空间，或者在Tikhonov 泛函的惩罚项上用一个更强的范数，依然不能提高收敛阶。

对大规模的病态的反问题，通常采用迭代的正则化方法求解，在迭代的过程中加入解的先验知识或解的约束条件，从而控制问题的病态性。迭代正则化方法包括传统不动点迭代方法（断层摄影问题中的迭代方法）和基于 Krylov 子空间的迭代方法。传统不动点迭代方法有 Landweber 迭代方法[90]、Kaczmarz 方法、Cimmino 方法、代数重建法（algebra reconstruction technique，ART）、联合迭代重建方法（simultaneous iterative reconstruction technique，SIRT）等；基于 Krylov 子空间的迭代方法有共轭梯度（conjugate gradients，CG）法、共轭梯度最小二乘（conjugate gradient least squares，CGLS）法、广义极小残量（generalized minimal residual，GMRES）法、极小残量（minimal residual，MINRES）法、最小二乘 QR 分解（least squares QR factorization，LSQR）法等。其中 Landweber 迭代格式如下：

$$x^m = (I - a K^* K) x^{m-1} + a K^* y \tag{2-5}$$

式中，a 为松弛因子。Landweber 迭代也是最优化正则化策略，且能够提高收敛阶，若 $x = (K^* K)^r z$，其中 $\| z \| \leqslant E, r \in \mathbb{N}, r \geqslant 2$，则：

$$\| x^{m(\delta),\delta} - x \| \leqslant c E^{\frac{1}{2r+1}} \delta^{\frac{2r}{2r+1}} \tag{2-6}$$

Landweber 迭代方法的缺点是迭代速度太慢。Krylov 子空间的投影迭代算法是根据问题自身解的特点构造基函数，因此收敛较快。但与 Landweber 迭代算法一样，都具有“半收敛”性质，因此需要找到合适的终止条件，可以采用正则化参数选取的方法进行寻找。

下面，我们给出三类正则化参数的选取方法。基于 Morozov 偏差原理的方

法是一种采用后验策略偏差原理的方法，需要事先对测试数据集的噪声做出很好的估计 $\| y-y^{\delta} \| \leqslant \delta$，则方程合适的解应当满足对任给的 $x \in \mathbf{X}$ 有 $\| Kx - y^{\delta} \| \leqslant \delta$。又 $S=\{x: \| Kx-y^{\delta} \| \leqslant \delta, x \in \mathbf{X}\}$ 是无限集，下面寻找

$$\min \| x \| \text{ s. t. } \| Kx - y^{\delta} \| \leqslant \delta \tag{2-7}$$

可以验证 S 是闭凸集，且在条件 $\| y-y^{\delta} \| \leqslant \delta < \| y^{\delta} \|$ 下（即零点在 S 外）其对应的解在 S 的边界达到，即 $\| Kx-y^{\delta} \| = \delta$。因此，利用 Morozov 偏差原理选取正则化参数 α，就是选取 $\alpha=\alpha(\delta)$，使得相应的正则化解 $x^{\alpha,\delta}$ 满足 Morozov 偏差方程

$$\| Kx^{\alpha,\delta} - y^{\delta} \| = \delta \tag{2-8}$$

若 y, y^{δ} 满足 $\| y-y^{\delta} \| \leqslant \delta < \| y^{\delta} \|$，则 Morozov 偏差方程的解存在唯一。令

$$F(\alpha) = \| Kx^{\alpha,\delta} - y^{\delta} \|^2 - \delta^2 \tag{2-9}$$

求解 Morozov 偏差方程 $\| Kx^{\alpha,\delta} - y^{\delta} \| = \delta$ 等价于求解 $F(\alpha)$ 的零点，可采用 Newton 法求解。

广义交叉验证（GCV）也是选取正则化参数的一种方式。其中一种普遍的策略是“留一验证”，指只把原样本中的一项当作验证项，其余的全部留下来作为训练集，这一步骤一直持续到每个样本都当作一次验证项。在 Tikhonov 正则化中，忽略一个数据点 y_k^{δ}，计算

$$\min \sum_{i \neq k} [(Kx)_i - y_i^{\delta}]^2 + \alpha \| Lx \|_2^2 \tag{2-10}$$

得到解 $x_{\alpha,L}^{[k]}$，在理想情形下，$x_{\alpha,L}^{[k]}$ 可精确预测缺失数据 y_k^{δ}。即在“留一验证”中选取参数 α 使得关于所有 k 的预测误差最小，即：

$$\min\{g(\alpha) = \frac{1}{m} \sum_{i=1}^{m} [(Kx_{\alpha,L}^{[k]})_k - y_k^{\delta}]^2\} \tag{2-11}$$

通过计算可得

$$\frac{(Kx_{\alpha,L})_k - y_k^{\delta}}{(Kx_{\alpha,L}^{[k]})_k - y_k^{\delta}} = 1 - (KK^{\#})_{k,k} \tag{2-12}$$

其中，$(KK^{\#})_{k,k} \approx \frac{1}{m}\mathrm{Tr}(KK^{\#})$。从而“留一验证”就是选取正则化参数 α 使得：

$$\min \frac{m \| Kx_{\alpha,L} - y^{\delta} \|_2^2}{\mathrm{Tr}\,(I - KK^{\#})^2} \tag{2-13}$$

其中，$\mathrm{Tr}(KK^{\#}) = \mathrm{Tr}(K^{\#}K)$。对于大规模问题，可考虑基于随机方法估计模型分辨率矩阵 $K^{\#}K$ 的对角元素。

L-曲线方法基于曲线 $(\log \| Kx - y \|, \log \| x \|)$ 的曲率变化设计，

$\| Kx-y \|$ 与 $\| x \|$ 相互变化曲线具有"L"形状。因为 $\| x \|$ 随 α 的增大而减小，$\| Kx-y \|$ 随 α 的增大而增大。一般选取的正则化参数 α 对应曲线 $(\log\| Kx-y \|, \log\| x \|)$ 的最大曲率点，即曲线的拐点。

2.2.2 图像处理中的正则化技术

图像处理中的正则化技术是用图像的先验知识即正则项作为优化原则对其进行建模，本质就是最大后验法（MAP），其中的正则项就是最大后验法的先验。性能良好的正则项应该能够在抑制噪声的同时保持图像的边缘信息，即在图像灰度强度变化小的地方能够平滑并且没有阶梯效应，在图像灰度强度变化大的地方能够有效保持间断点避免被过度光滑。

图像处理中的正则化方法包括基于变分思想的正则化方法、基于小波变换的正则化方法、基于图像稀疏表示的正则化方法和迭代正则化方法等。迭代正则化方法主要是基于 Krylov 子空间的方法，如 CGLS 方法、LSQR 方法等。基于变分思想的正则化方法，有 Tikhonov 正则化、基于小波变换正则化、全变分（TV）正则化和基于图像稀疏表示的正则化等。考虑图像复原的基本模型：

$$\min F(u)+\lambda R(u) \tag{2-14}$$

其中第一项为数据保真项，保证数值解是真解的有效逼近，去除 Gaussian 噪声和模糊的保真项为 $\| Ku-f \|^2$，或者根据其他概率密度分布函数得到的特有的保真项；第二项为正则项，目的是提供一个先验知识。

2.2.2.1 基于变分思想的正则项

常见有 Tikhonov 正则项、TV（全变分）正则项等。

(1) Tikhonov 正则项

1963 年，反问题的先驱者 Tikhonov[91] 提出正则化的思想，随后提出了经典的基于 L_2 范数的 Tikhonov 正则化模型，即 $R(u)=\| u \|_2^2$ 或者 $R(u)=\| \nabla u \|_2^2$，其中 ∇ 代表离散梯度。由于 Tikhonov 正则项带来的是各向同性平滑，即在图像中的每个点处沿着各个方向的平滑效果是一样的，那么在图像的边缘处，沿着灰度的切线方向平滑的效果和沿着法线方向的平滑效果也是一样的，因此不能很好地保留图像的边缘信息。图像正则化的难点就在于在抑制噪声的同时能够保存图像高频信息，如图像的边缘信息、纹理特征等，而 Tikhonov 正则化将解限制为平滑解，在抑制噪声的同时也抑制了图像的细节信息。经典的 Wiener 滤波和约束最小二乘滤波都是 Tikhonov 正则化方法的两个特例。高通滤波后的图像中间断点的数值较大，而平滑处即使有噪声其数值也比间断点处的小，因此平方处理后间断点处的数值更大，在优化求最小值时惩罚非常严重，使得重建图像的间断点处过于平滑。综上，Tikhonov 正则项并不是理想的正则项，应当降低正则化函数曲线在高

频信息处的斜率。

(2) TV(全变分)正则项

1992 年,Rudin 等[12]提出了经典的 TV 模型(ROF 模型)。在众多的正则化方法中,TV 正则项以合适的重尾特性,很好地解决了间断点的过度平滑,因此被广泛应用于图像处理中的去噪去模糊、修补等方面,并取得了良好的效果。TV 正则项的形式为 $R(u)=\|\nabla u\|_1$,它在进行图像平滑的过程中仅沿着切线方向平滑,而在图像的边缘处,对于灰度法线方向没有平滑,因此能够很好地保留图像的边界信息。但是,TV 正则化方法在有效保持高频信息的同时也带来两大难点:一是,由于 TV 正则项的开方形式而使得微分很难进行,即其对应的欧拉-拉格朗日方程的非线性项会给数值求解带来困难;二是,TV 正则化方法仅在图像函数为分片常数时才是最优的,而自然图像大多是复杂的灰度或者彩色图像,难以满足分片常数形式,因此在信噪比较低的情况下,TV 正则化方法会使图像处理结果具有非常严重的阶梯效应。阶梯效应主要发生在图像灰度强度变化小的区域,即图像的光滑区域。TV 正则项使得图像光滑区域趋于分片常数化,即在图像光滑区域引入很多伪边缘,严重影响视觉效果。针对 TV 正则化导致的阶梯效应的问题,很多学者将其归因于 TV 正则项仅仅对相邻像素建立变分关系,而对于更大邻域的像素没有给出有效变分形式,因此基于高阶变分法的正则化方法被引入,以此实现对阶梯效应的抑制。例如,2004 年由 Farsiu 等[54]提出的双边全变分(bilateral total variation,BTV)正则项,吸收了 Tomasi 的双边滤波的思想,考虑到中心像素与邻近像素的距离和灰度关系,扩展了 TV 所影响的邻域,也将中心像素与更多的邻域像素建立关系,提高了估计的准确性。BTV 的表达式为

$$BTV(x)=\sum\nolimits_{m=1}^{t}\sum\nolimits_{n=1}^{t}\alpha^{|m|+|n|}\|x-s_x^m s_y^n x\|_1$$

其中,s_x^m 和 s_y^n 分别表示向 x 方向移动 m 个像素和向 y 方向移动 n 个像素,$1<\alpha<0$ 是距离度量参数。2010 年,由 Bredies 等[55]提出了广义全变分(total generalized variation,GTV)正则项。与 TV 正则化方法不同的是,它引入了图像函数直到 n 阶的高阶偏导数,抑制了 TV 模型的阶梯效应。当然对于任何引入高阶偏导数以消除或者减轻阶梯效应的做法都是有计算代价的。

2.2.2.2　基于小波变换的正则项

基于小波变换的正则项为 $R(u)=\sum\nolimits_k\lambda_k\varphi(u,\varphi_k)$,其中 φ 为惩罚函数;φ_k 为小波正交基;λ_k 为调整参数,也可以写成 $|\boldsymbol{W}^{\mathrm{T}}u|_1$,$\boldsymbol{W}$ 是标准的紧框架。小波变换在图像处理的诸多领域都有着非常重要的应用,比如图像压缩、图像融合、图像水印、图像去噪等。小波变换是图像多尺度、多分辨率分解,因此它可以获

得图像的任意细节信息。图像压缩标准的核心是离散余弦变换，在图像质量要求比较高时基本上采用小波变换进行图像压缩。用小波进行图像融合时，首先对每一幅图像进行小波变换，建立图像的小波塔型分解，然后对各分解层上的不同频率分量采用不同的融合算子进行融合，最后对融合的图像进行小波重构。由于小波基的种类和小波分解的层数对融合效果影响很大，因此对于特定的图像而言，我们需要考虑选取哪种小波基以及分解到哪一层。小波变换可以分离出图像的高频子图、中频子图和低频子图，据此可以对中低频子图进行修改，这就为去除图像水印提供了可能；还可以对高频子图设置阈值，过滤掉异常频点，这就实现了图像去噪。基于小波变换的正则化方法适用于低信噪比的图像，但速度慢，分解尺度难以选择。

2.2.2.3　基于图像稀疏表示的正则项

关于图像模型的先验假设 $R(u)$ 表示对 u 的一个约束条件，一些学者认为 u 应该满足“稀疏”这个条件，因为这是自然图像中所普遍存在的一个事实。基于图像稀疏表示的正则化方法也称为稀疏字典学习。假设字典 D 是为输入图像找到的一个稀疏表示，一般是基向量的形式，那么就存在一个稀疏编码 α，使得输入图像 $f \approx D\alpha$。稀疏字典学习可以很好地处理图像去噪和图像修复的问题，但是它很难处理高斯噪声，这是由于高斯白噪声是不稀疏的。

2.2.2.4　迭代正则项

迭代正则化方法可以更好地控制和增强图像复原的结果，但需要相当可观的计算量。常用的迭代正则化方法主要有 Richardson-Lucy(R-L)方法、共轭梯度最小二乘法(CGLS)、最小二乘 QR 分解(LSQR)等。R-L 方法是通过使用期望最大化算法最大化复原图像的似然性，并使用对数似然性作为代价函数被加速，在降质图像和复原图像之间保持能量守恒和非负性。在最小二乘法的基础上提出的共轭梯度最小二乘法(CGLS)和最小二乘 QR 分解(LSQR)，可以在较少的迭代步数下实现运动模糊、离焦模糊图像的复原。

2.3　本章小结

本章主要介绍了数学物理反问题的定义、反问题不适定性、求解图像处理中反问题的正则化技术。正则化方法需要构造正则化算子和选取正则化参数，因此本章介绍了正则化算子的构造方法，包括使用过滤器、基于变分原理的正则化方法、基于小波变换的正则化方法、基于图像稀疏表示的正则化方法和迭代正则化方法等；常见的参数选择方法有基于 Morozov 偏差原理的方法、广义交叉验证(GCV)和 L-曲线方法。

第 3 章　图像去噪和去模糊

3.1　Split Bregman 方法回顾

2011 年 Getreuer 等[1] 提出了一种有效的去除 Rician 噪声的 ROF 模型，并且利用 Split Bregman 方法[92] 进行数值求解，Split Bregman 方法与增广拉格朗日方法等价。这里我们简单回顾 Split Bregman 方法的具体实现步骤，并且验证 Split Bregman 迭代格式的稳定性。去除 Rician 噪声的 ROF 模型为：

$$F(u)=\int_{\Omega}|Du|\,\mathrm{d}x+\lambda\int_{\Omega}\left[-\log I_0\left(\frac{fu}{\sigma^2}\right)+\frac{u^2}{2\sigma^2}\right]\mathrm{d}x \tag{3-1}$$

利用 Bregman 分裂和 Bregman 迭代，上式的能量泛函可写成

$$\min_{d,u}\int_{\Omega}|d|+\lambda\int_{\Omega}\left[-\log I_0\left(\frac{fu}{\sigma^2}\right)+\frac{u^2}{2\sigma^2}\right]+\frac{\nu}{2}\int_{\Omega}(d-\nabla u-b)^2 \tag{3-2}$$

由于泛函关于 u 和 d 均凸，下面分别关于 u 和 d 求最小值：

步骤 1：$\min\limits_{u}\lambda\int_{\Omega}\left[-\log I_0\left(\frac{fu}{\sigma^2}\right)+\frac{u^2}{2\sigma^2}\right]+\frac{\nu}{2}\int_{\Omega}(d-\nabla u-b)^2$；

步骤 2：$\min\limits_{d}\int_{\Omega}|d|+\frac{\nu}{2}\int_{\Omega}(d-\nabla u-b)^2$。

对于步骤 2，根据其欧拉-拉格朗日方程可得：

$$d=(\nabla u+b)-\frac{1}{\nu}\frac{d}{|d|}=\begin{cases}0, & |\nabla u+b|\leqslant\frac{1}{\nu}\\(\nabla u+b)-\frac{1}{\nu}\frac{\nabla u+b}{|\nabla u+b|}, & |\nabla u+b|>\frac{1}{\nu}\end{cases} \tag{3-3}$$

得到关于 d 和 b 的迭代格式如下

$$\begin{cases}d_x^{k+1}=\mathrm{shrink}\left(\nabla_x u^{k+1}+b_x^k,\frac{1}{\nu}\right)=\max\{s^k-\frac{1}{\nu},0\}\frac{\nabla_x u^{k+1}+b_x^k}{s^k}\\d_y^{k+1}=\mathrm{shrink}\left(\nabla_y u^{k+1}+b_y^k,\frac{1}{\nu}\right)=\max\{s^k-\frac{1}{\nu},0\}\frac{\nabla_y u^{k+1}+b_y^k}{s^k}\end{cases} \tag{3-4}$$

式中，$s^k = \sqrt{|\nabla_x u^{k+1} + b_x^k|^2 + |\nabla_y u^{k+1} + b_y^k|^2}$。

$$\begin{cases} b_x^{k+1} = b_x^k + (\nabla_x u^{k+1} - d_x^{k+1}) \\ b_y^{k+1} = b_y^k + (\nabla_y u^{k+1} - d_y^{k+1}) \end{cases} \tag{3-5}$$

由步骤 1，用 λ 替代 $\frac{\lambda}{\sigma^2}$，推导出其欧拉-拉格朗日方程：

$$-\nu\Delta u + \lambda u = \lambda \frac{I_1}{I_0}\left(\frac{fu}{\sigma^2}\right) f - \nu \nabla_x (d_x - b_x) - \nu \nabla_y (d_y - b_y) \tag{3-6}$$

由 Gauss-Seidel 迭代，则有：

$$(\lambda I + 8\nu I) u^{k+1} = (\nu\Delta + 8\nu I) u^k + \lambda \frac{I_1}{I_0}\left(\frac{f u^k}{\sigma^2}\right) f - \nu \nabla_x (d_x^k - b_x^k) - \nu \nabla_y (d_y^k - b_y^k) \tag{3-7}$$

令 $\alpha = \frac{\lambda}{\nu}$，$g = \frac{\lambda}{\nu}\frac{I_1}{I_0}\left(\frac{fu}{\sigma^2}\right) f$，$\tilde{d} = d - b$，得到迭代格式

$$u_{ij}^{k+1} = \frac{1}{\alpha + 8}[u_{i+1,j}^k + u_{i-1,j}^k + u_{i,j+1}^k + u_{i,j-1}^k + 4 u_{i,j}^k - \tilde{d}_{x,i,j}^k + \tilde{d}_{x,i-1,j}^k - \tilde{d}_{y,i,j}^k + \tilde{d}_{y,i,j-1}^k + g_{ij}^k] \tag{3-8}$$

根据 von Neumann 线性稳定性分析定理，记

$$u_{ij}^n = u^n e^{Ikih+Irjh}, d_{x,ij}^n = d_x^n e^{Ikih+Irjh}, d_{y,ij}^n = d_y^n e^{Ikih+Irjh} \tag{3-9}$$

式中，$I = \sqrt{-1}$；k, r 为空间频率。代入迭代格式有：

$$u^{n+1} = \frac{8}{\alpha + 8} u^n + \frac{1}{\alpha + 8}(b_x^{n-1} + b_y^{n-1}) + F \tag{3-10}$$

$$b_x^n = (1-\beta)(e^{Ikh} - 1) u^n + (1-\beta) b_x^{n-1} \tag{3-11}$$

$$b_y^n = (1-\beta)(e^{Irh} - 1) u^n + (1-\beta) b_y^{n-1} \tag{3-12}$$

即

$$\begin{pmatrix} u^{n+1} \\ b_x^n \\ b_y^n \end{pmatrix} = \begin{pmatrix} \frac{8}{\alpha+8} & \frac{1}{\alpha+8} & \frac{1}{\alpha+8} \\ (1-\beta)(e^{Ikh} - 1) & 1-\beta & 0 \\ (1-\beta)(e^{Irh} - 1) & 0 & 1-\beta \end{pmatrix} \begin{pmatrix} u^n \\ b_x^{n-1} \\ b_y^{n-1} \end{pmatrix} + \begin{pmatrix} F \\ 0 \\ 0 \end{pmatrix} \tag{3-13}$$

其中：

$$F = \frac{\alpha}{\alpha + 8} \frac{I_1}{I_0}\left(\frac{f u^n e^{Ikih+Irjh}}{\sigma^2}\right) \frac{f}{e^{Ikih+Irjh}} \tag{3-14}$$

$$\beta = \max\left(s_{n-1} - \frac{1}{\gamma}, 0\right) \frac{1}{s_{n-1}} \tag{3-15}$$

$$s_n = \sqrt{|\nabla_x u^{n+1} + b_x^n|^2 + |\nabla_y u^{n+1} + b_y^n|^2} \tag{3-16}$$

记矩阵：

$$\boldsymbol{G}=\begin{pmatrix}\dfrac{8}{\alpha+8} & \dfrac{1}{\alpha+8} & \dfrac{1}{\alpha+8}\\ (1-\beta)(\mathrm{e}^{Ikh}-1) & 1-\beta & 0\\ (1-\beta)(\mathrm{e}^{Irh}-1) & 0 & 1-\beta\end{pmatrix} \tag{3-17}$$

则其谱半径为：

$$\rho(G)\leqslant \max\left(\frac{10}{\alpha+8},1-\beta\right) \tag{3-18}$$

式中，$0\leqslant\beta<1$，取 $\alpha=\dfrac{\lambda}{\gamma}>2$，$\dfrac{10}{\alpha+8}<1$，因此 $\rho(G)<1$，即迭代格式稳定。当然我们也可以用 FFT 代替 Gauss-Seidel 迭代，记 $B=\lambda\dfrac{I_1}{I_0}\left(\dfrac{fu}{\sigma^2}\right)f-\nu\nabla_x(d_x-b_x)-\nu\nabla_y(d_y-b_y)$，则欧拉-拉格朗日方程可以简化为

$$-\nu\Delta u+\lambda u=B \tag{3-19}$$

其 FFT 格式为：

$$(-\nu\widehat{\Delta}+\lambda)\widehat{u}=\widehat{B} \tag{3-20}$$

3.2　量身定做有限点方法(TFPM)回顾

首先，TFPM 可以被有效地用于求解反应对流扩散问题（例如带有大雷诺数的线性 Navier-Stokes 方程）中：

$$Lu=-\epsilon^2\Delta u+p(\boldsymbol{x})u_x+q(\boldsymbol{x})u_y+b(\boldsymbol{x})u=f(\boldsymbol{x})$$
$$\forall\boldsymbol{x}=(x,y)\in\Omega,u|_{\partial\Omega}=0 \tag{3-21}$$

式中，$\Omega\subset\mathbb{R}^2$，$p(\boldsymbol{x})$，$q(\boldsymbol{x})$，$b(\boldsymbol{x})\in L^\infty(\Omega)$ 且 $f(\boldsymbol{x})\in L^2(\Omega)$ 是 Ω 上的 4 个给定的函数，且

$$b(\boldsymbol{x})\geqslant 0,p^2(\boldsymbol{x})+q^2(\boldsymbol{x})+b(\boldsymbol{x})>0,\text{在}\bar{\Omega}\text{上} \tag{3-22}$$

当 $\epsilon\ll 1$ 时，这个问题即为我们所说的奇异摄动问题。为了求解这样的问题，我们采用量身定做的有限点方法（TFPM）[23]。为了简易地呈现 TFPM 的要点，假设 $\Omega=[0,1]\times[0,1]$，网格大小 $h=N^{-1}$，$x_i=ih$，$y_j=jh$，$0\leqslant i,j\leqslant N$。记 L 在这个网格上为 L_0，如图 3-1 所示。

$$L_0u=-\epsilon^2\Delta u+p_0u_x+q_0u_y+b_0u=f_0 \tag{3-23}$$

其中，$p_0=p(\boldsymbol{x}^0)$，$q_0=q(\boldsymbol{x}^0)$，$b_0=b(\boldsymbol{x}^0)$，$f_0=f(\boldsymbol{x}^0)$。令

$$u(x,y)=w(x,y)+\nu(x,y)\exp\left(\frac{p_0x+q_0y}{2\epsilon^2}\right) \tag{3-24}$$

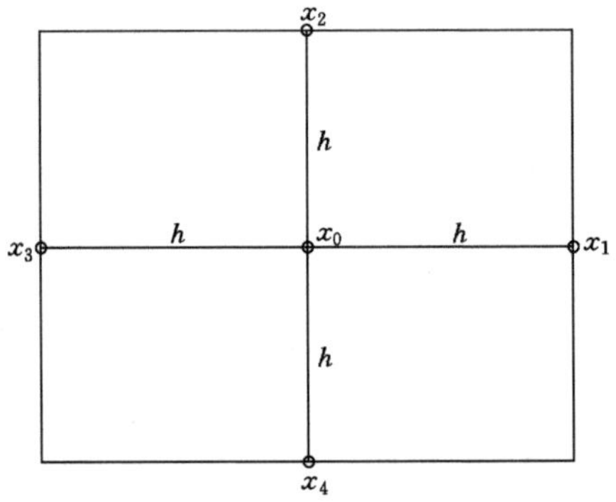

图 3-1 局部网格

其中，$w(x,y)=\begin{cases}\dfrac{f_0}{b_0}, & b_0>0,\\ \dfrac{p_0x+q_0y}{p_0^2+q_0^2}f_0, & b_0=0,\end{cases}$ 使得 $L_0w(x,y)=f_0$。则 ν 满足

$$-\Delta\nu+\mu_0^2\nu=0 \tag{3-25}$$

式中，$\mu_0=\sqrt{\dfrac{b_0}{\epsilon^2}+\dfrac{p_0^2+q_0^2}{4\epsilon^4}}$。记

$$H_4=\{\nu(x,y)\mid \nu=c_1\,e^{-\mu_0x}+c_2\,e^{\mu_0x}+c_3\,e^{-\mu_0y}+c_4\,e^{\mu_0y},\forall\ c_i\in\mathbb{R}\} \tag{3-26}$$

我们可以设计如下格式：

$$\alpha_1V_1+\alpha_2V_2+\alpha_3V_3+\alpha_4V_4+\alpha_0V_0=0 \tag{3-27}$$

式中，$V_j=\nu(\boldsymbol{x}^j)$ 使得对任给的 $\nu\in H_4$ 都成立。因此可以得到：

$$\begin{cases}\alpha_1\,e^{-\mu_0h}+\alpha_2+\alpha_3\,e^{\mu_0h}+\alpha_4+\alpha_0=0\\ \alpha_1\,e^{\mu_0h}+\alpha_2+\alpha_3\,e^{-\mu_0h}+\alpha_4+\alpha_0=0\\ \alpha_1+\alpha_2\,e^{-\mu_0h}+\alpha_3+\alpha_4\,e^{\mu_0h}+\alpha_0=0\\ \alpha_1+\alpha_2\,e^{\mu_0h}+\alpha_3+\alpha_4\,e^{-\mu_0h}+\alpha_0=0\end{cases} \tag{3-28}$$

也就是对任给的 $0\neq\alpha_0\in\mathbb{R}$，方程组有唯一的解：

$$\alpha_1=\alpha_2=\alpha_3=\alpha_4=\frac{-\alpha_0}{4\cosh^2\left(\dfrac{\mu_0h}{2}\right)} \tag{3-29}$$

可以得到五点格式：

$$V_0=\frac{1}{4\cosh^2\left(\dfrac{\mu_0h}{2}\right)}[V_1+V_2+V_3+V_4] \tag{3-30}$$

最终关于 u 的量身定做有限点格式为

$$
\begin{aligned}
& U_0-\frac{e^{-\frac{p_0 h}{2\varepsilon^2}} U_1+e^{-\frac{q_0 h}{2\varepsilon^2}} U_2+e^{\frac{p_0 h}{2\varepsilon^2}} U_3+e^{\frac{q_0 h}{2\varepsilon^2}} U_4}{4 \cosh^2\left(\frac{\mu_0 h}{2}\right)} \\
= & W_0-\frac{e^{-\frac{p_0 h}{2\varepsilon^2}} W_1+e^{-\frac{q_0 h}{2\varepsilon^2}} W_2+e^{\frac{p_0 h}{2\varepsilon^2}} W_3+e^{\frac{q_0 h}{2\varepsilon^2}} W_4}{4 \cosh^2\left(\frac{\mu_0 h}{2}\right)}
\end{aligned}
\tag{3-31}
$$

其中，$U_j=u(\boldsymbol{x}^j)=w(x^j)+v(\boldsymbol{x}^j)e^{\frac{p_0 x_j+q_0 y_j}{2\varepsilon^2}}$，$W_j=w(\boldsymbol{x}^j)$。下面我们分析量身定做五点格式的收敛性。定义 $\gamma=4\cosh^2\left(\frac{\mu_0 h}{2}\right)$，由于 $\cosh\left(\frac{\mu_0 h}{2}\right)>1$，则$\gamma>4$，其系数矩阵为

$$
\boldsymbol{A}=\frac{1}{\gamma}\begin{pmatrix}
\gamma & -2 & & \cdots & & -2 & & & & & & & & \\
-1 & \gamma & 1 & & \cdots & & -2 & & & & & & & \\
 & -1 & \gamma & -1 & & \cdots & & -2 & & & & & & \\
 & & \ddots & \ddots & \ddots & & & & \ddots & & & & & \\
 & & & -2 & \gamma & 0 & & \cdots & & -2 & & & & \\
-1 & & \cdots & & 0 & \gamma & -2 & & \cdots & & -1 & & & \\
 & -1 & & \cdots & & -1 & \gamma & -1 & & \cdots & & -1 & & \\
 & & \ddots & & & & \ddots & \ddots & \ddots & & & & \ddots & \\
 & & & -1 & & \cdots & & -2 & \gamma & 0 & & \cdots & & -1 \\
 & & & & -2 & & \cdots & & 0 & \gamma & -2 & & & \\
 & & & & & -2 & & \cdots & & -1 & \gamma & -1 & & \\
 & & & & & & \ddots & & & & \ddots & \ddots & \ddots & \\
 & & & & & & & -2 & & \cdots & & -1 & \gamma & -1 \\
 & & & & & & & & -2 & & \cdots & & -2 & \gamma
\end{pmatrix}_{(MN)\times(MN)}
\tag{3-32}
$$

M, N 是矩阵 f 的维数。迭代矩阵 $\mathbf{A}$ 是严格对角占优的，因此迭代格式收敛。

3.3　基于全变分正则化的 Rician 去噪和去模糊

3.3.1　Rician 去噪和去模糊的 ROF 模型

假设

$$f = Ku + \eta \tag{3-33}$$

式中,f 为降质图像;K 为线性模糊算子;u 为对应的干净的图像;η 是 Rician 噪声。

在这一章节中,我们考虑如何从被噪声污染和被模糊化的退化图像 f 中反解出干净的图像 u。

设 $\hat{u}$是 u 在给定降质图像 f 下的极大似然估计,即 $\hat{u} = \arg\max_u P(u \mid f)$。根据贝叶斯定理,有:

$$\max_u P(u \mid f) \Leftrightarrow \max_u P(u)P(f \mid u) \Leftrightarrow \min_u\{-\log P(u) - \log P(f \mid u)\} \tag{3-34}$$

ROF 模型是先验信息 $P(u) = \exp\left(-\alpha\int_\Omega |Du|\,dx\right)$ 下的极大后验估计(MAP),其中 α 为模型中的尺度调整参数。Rician 分布的概率密度为:

$$P(r;\nu,\sigma) = \frac{r}{\sigma^2}\exp\left\{-\frac{r^2+\nu^2}{2\sigma^2}\right\} I_0\left(\frac{r\nu}{\sigma^2}\right) \tag{3-35}$$

其中,I_0 为第一类 0 阶修正的 Bessel 函数,且 $r,\nu,\sigma > 0$。设

$$P(f \mid u) = P(f;Ku,\sigma) = \frac{f}{\sigma^2}\exp\left\{-\frac{(Ku)^2+f^2}{2\sigma^2}\right\} I_0\left(\frac{f\cdot Ku}{\sigma^2}\right) \tag{3-36}$$

因此,2011 年 Luminita 等给出的基于 Rician 去噪、去模糊的全变差模型[93]为:

$$\min_u\left\{F(u) = \int_\Omega |Du|\,dx + \lambda\int_\Omega\left[-\log\frac{f}{\sigma^2} - \log I_0\left(\frac{f\cdot Ku}{\sigma^2}\right) + \frac{f^2+(Ku)^2}{2\sigma^2}\right]dx\right\} \tag{3-37}$$

式(3-37)等价于:

$$\min_u F(u) = \min_u \int_\Omega |Du|\,dx + \lambda\int_\Omega\left[\frac{(Ku)^2}{2\sigma^2} - \log I_0\left(\frac{f\cdot Ku}{\sigma^2}\right)\right]dx \tag{3-38}$$

其中,$\lambda = 1/\alpha$。因此去除 Rician 噪声的 ROF 模型为

$$\min_u F(u) = \min_u \int_\Omega |Du|\,dx + \lambda\int_\Omega\left[\frac{u^2}{2\sigma^2} - \log I_0\left(\frac{fu}{\sigma^2}\right)\right]dx \tag{3-39}$$

同理,根据 Gaussian 概率密度分布函数

$$P(x;y,\sigma) = \frac{1}{\sqrt{2\pi\sigma^2}}\exp\left\{-\frac{(x-y)^2}{2\sigma^2}\right\} \tag{3-40}$$

可以导出去除 Gaussian 噪声的 ROF 模型:

$$\min_u F(u) = \min_u \int_\Omega |Du|\,dx + \frac{\lambda}{2}\int_\Omega (f-u)^2\,dx \tag{3-41}$$

其中,第一项是正则项,统记为 $\int_\Omega \varphi(|Du|)\,dx$;第二项是保真项,由噪声的概率

密度分布函数推导出，统记为 $\lambda\int_{\Omega} H_{\sigma}(u)\mathrm{d}x$。下面分析模型：

$$\min_{u} F(u)=\min_{u}\int_{\Omega}\varphi(|Du|)\mathrm{d}x+\lambda\int_{\Omega} H_{\sigma}(u)\mathrm{d}x \tag{3-42}$$

研究选取什么样的函数 φ，能够在内部各向同性平滑，在边界处仅平滑切线方向（即保留边界）。首先导出上面泛函的欧拉-拉格朗日方程：

$$\lambda H'_{\sigma}(u)-\operatorname{div}\left(\frac{\varphi'(|Du|)}{|Du|}\cdot Du\right)=0 \tag{3-43}$$

根据坐标变换，对任给的 $x\in\Omega$，$|\nabla u|\neq 0$，记 $N(x)=\dfrac{\nabla u}{|\nabla u|}$ 为法线方向，$T(x)\perp N(x)$，$|T(x)|=1$ 为切线方向。可推导出 u 在这两个方向的二阶方向导数分别为：

$$u_{TT}=T^{t}\nabla^{2}uT=\frac{1}{|\nabla u|^{2}}(u_{x_1}^{2}u_{x_2x_2}+u_{x_2}^{2}u_{x_1x_1}-2u_{x_1}u_{x_2}u_{x_1x_2}) \tag{3-44}$$

$$u_{NN}=N^{t}\nabla^{2}uN=\frac{1}{|\nabla u|^{2}}(u_{x_1}^{2}u_{x_1x_1}+u_{x_2}^{2}u_{x_2x_2}-2u_{x_1}u_{x_2}u_{x_1x_2}) \tag{3-45}$$

从而它们满足如下关系式：

$$\lambda H'_{\sigma}(u)-\left[\frac{\varphi(|Du|)}{|Du|}\cdot u_{TT}+\varphi''(|Du|)u_{NN}\right]=0 \tag{3-46}$$

当 $|\nabla u|$ 较小时，可看作是图像的内部，希望各向同性平滑，即式(3-46)中两个二阶方向导数前面的系数基本相等，也就是希望有

$$\varphi'(0)=0 \tag{3-47}$$

$$\lim_{s\to 0^{+}}\frac{\varphi'(s)}{s}=\lim_{s\to 0^{+}}\varphi''(s)=\varphi''(0)>0 \tag{3-48}$$

当 $|\nabla u|$ 较大时，可看作是图像的边界，希望仅沿切线方向平滑，保留边界，即式(3-46)中二阶法线方向导数前面的系数为 0，也就是希望有：

$$\lim_{s\to+\infty}\varphi''(s)=0 \tag{3-49}$$

$$\lim_{s\to+\infty}\frac{\varphi'(s)}{s}=\beta>0 \tag{3-50}$$

但这两个条件并不相容，因此我们退而求其次，希望有

$$\lim_{s\to+\infty}\varphi''(s)=\lim_{s\to+\infty}\frac{\varphi'(s)}{s}=0 \tag{3-51}$$

$$\lim_{s\to+\infty}\frac{\varphi''(s)}{\varphi'(s)/s}=0 \tag{3-52}$$

如果选取 $\varphi(s)=\sqrt{1+s^{2}}-1$，可计算出

$$\lim_{s\to 0^{+}}\varphi''(s)=\lim_{s\to 0^{+}}\frac{\varphi'(s)}{s}=\varphi''(0)=1>0 \tag{3-53}$$

$$\lim_{s \to +\infty} \varphi''(s) = \lim_{s \to +\infty} \frac{\varphi'(s)}{s} = 0 \tag{3-54}$$

$$\lim_{s \to +\infty} \frac{\varphi''(s)}{\varphi'(s)/s} = \lim_{s \to +\infty} \frac{1}{1+s^2} = 0 \tag{3-55}$$

此时，去噪模型在内部是各向同性平滑，在边界处仅沿切线方向平滑。若选取 $\varphi(s) = s^2$，则各向同性平滑，不能有效保留边界信息；在 ROF 模型中 $\varphi(s) = s$，从而可计算出 $\varphi''(s) = 0$，$\frac{\varphi'(s)}{s} = \frac{1}{s}$，故 ROF 模型仅保留切线方向平滑，是一种保留边界的去噪模型。

3.3.2 Rician 去噪模型解的存在性

本小节对 Rician 去噪模型进行如下数学理论上的研究：

$$\inf_{u \in BV(\Omega)} \int_\Omega |Du| \mathrm{d}x + \lambda \int_\Omega \left[\frac{u^2}{2\sigma^2} - \log I_0\left(\frac{fu}{\sigma^2}\right) \right] \mathrm{d}x \tag{3-56}$$

若 u 属于 $BV(\Omega)$，由 Lebesgue 分解定理，有：

$$Du = \nabla u \mathrm{d}x + D_s u \tag{3-57}$$

其中，$\mathrm{d}x$ 是 N- 维 Lebesgue 测度，$\nabla u = \frac{\mathrm{d}(Du)}{\mathrm{d}x} \in L^1(\Omega)$，$D_s u \perp \mathrm{d}x$。我们记近似上限为 $u^+(x)$，近似下限为 $u^-(x)$，有

$$u^+(x) = \inf\left\{ t \in [-\infty, +\infty]; \lim_{r \to 0} \frac{\mathrm{d}x(\{u > t\} \cap B(x,r))}{r^N} = 0 \right\} \tag{3-58}$$

$$u^-(x) = \sup\left\{ t \in [-\infty, +\infty]; \lim_{r \to 0} \frac{\mathrm{d}x(\{u < t\} \cap B(x,r))}{r^N} = 0 \right\} \tag{3-59}$$

记 S_u 为跳集，即 $S_u = \{x \in \Omega : u^-(x) < u^+(x)\}$，则 S_u 可数，对于 $\mathcal{H}^{N-1}$ − a. e. $x \in \Omega$，记单位法向量为 $n_u(x)$，则：

$$Du = \nabla u \mathrm{d}x + (u^+ - u^-) n_u \cdot \mathcal{H}^{N-1}_{|S_u} + C_u \tag{3-60}$$

其中，$J_u = (u^+ - u^-) n_u \cdot \mathcal{H}^{N-1}_{|S_u}$ 是跳的部分，C_u 是 $D_s u$ 的 Cantor 部分。由此可导出 Du 的全变差为：

$$|Du|(\Omega) = \int_\Omega |\nabla u| \mathrm{d}x + \int_{S_u} |u^+ - u^-| \mathrm{d}\mathcal{H}^{N-1} + \int_{\Omega - S_u} |C_u| \mathrm{d}x \tag{3-61}$$

且有如下性质[74]：

$$u \to |Du|(\Omega) \text{下半连续，在 BV} - \mathrm{w}* \text{ 拓扑下} \tag{3-62}$$

因此 $\varphi(|Du|) = |Du|$ 可推广到更一般的情形，即当 φ 是凸的，偶的，在 R^+ 上非减，在无穷远处线性增长时以上结论均正确。由 $W^{1,1}(\Omega)$ 在 $BV(\Omega)$ 中

稠[94]，则 $\forall u \in BV(\Omega)$，存在 $\{u_j\}_{j\geqslant 1} \in C^{\infty}(\Omega) \cap W^{1,1}(\Omega)$，使得

$$u_j \xrightarrow{\text{BV}-\text{w}^*} u \text{ as } j \to \infty \tag{3-63}$$

根据 Poincaré-Wirtinger 不等式[95]，$BV(\Omega)$ 能够连续嵌入 $L^p(\Omega)$，即 $\forall u \in BV(\Omega)$，存在 $M > 0$ 使得

$$\| u - \bar{u} \|_{L^p(\Omega)} \leqslant M |Du|(\Omega) \tag{3-64}$$

其中，$\bar{u} = \dfrac{1}{|\Omega|}\int_{\Omega} u(x)\,\mathrm{d}x$。当 $N > 1$ 时 $p = \dfrac{N}{N-1}$；当 $N = 1$ 时 $p < \infty$。在下面的证明中，我们仅考虑 $N = 2, p = 2$ 的情形。定义

$$F(u) = \lambda\int_{\Omega}\left[\frac{u^2}{2\sigma^2} - \log I_0\left(\frac{fu}{\sigma^2}\right)\right]\mathrm{d}x + \int_{\Omega}|\nabla u|\,\mathrm{d}x + \int_{\Omega}|D_s u|\,\mathrm{d}x \tag{3-65}$$

则 $F(u)$ 在 $L^p(\Omega)$ 中是下半连续的。定义 $G_\sigma(u)$ 是 $\dfrac{u^2}{2\sigma^2} - \log I_0\left(\dfrac{fu}{\sigma^2}\right)$ 的凸松弛，有

$$\widetilde{F}(u) = \lambda\int_{\Omega} G_\sigma(u)\,\mathrm{d}x + \int_{\Omega}\varphi(|Du|)\,\mathrm{d}x \tag{3-66}$$

其中，φ 为凸的、偶的，在 R^+ 上非减，在无穷远处线性增长。

在下面的定理中，我们给出极小化能量泛函 $F(u)$ 的存在性证明。事实上，该问题的存在唯一性已经在文献[15]的定理 1 和文献[96]中的定理 1、定理 2 中被验证。这里给出了解存在性的一种新的验证方法。

定理 3.3.1　假设 $f \in L^2(\Omega)$，Ω 有界，$\partial\Omega$ 是 Lipschitz 连续的，则下述极小化问题

$$\inf_{u\in BV(\Omega)} F(u) \tag{3-67}$$

存在解 $u \in BV(\Omega)$，此时 $\varphi(|Du|) = |Du|$。

证明　设 $C>0$ 为正的常数，不同行可以不一样。构建一个极小化序列 u_n，即一个序列满足：

$$\lim_{n\to\infty} F(u_n) = \inf_{u\in BV(\Omega)} F(u) \tag{3-68}$$

则有：

$$|Du_n|(\Omega) = \int_{\Omega}|\nabla u_n|\,\mathrm{d}x + |D_s u_n|(\Omega) \leqslant C \tag{3-69}$$

$$\int_{\Omega}\left[\frac{u_n^2}{2\sigma^2} - \log I_0\left(\frac{f u_n}{\sigma^2}\right)\right]\mathrm{d}x \leqslant C \tag{3-70}$$

设 $w_n = \left(\dfrac{1}{|\Omega|}\int_{\Omega} u_n\,\mathrm{d}x\right)\chi_\Omega$，$\nu_n = u_n - w_n$，则 $\int_{\Omega}\nu_n\,\mathrm{d}x = 0$ 和 $Du_n = D\nu_n$，从而 $|D\nu_n|(\Omega) \leqslant C$。根据 Poincaré-Wirtinger 不等式

$$\| \nu_n \|_{L^2(\Omega)}\,\mathrm{d}x \leqslant C \tag{3-71}$$

得到如下估计：

$$
\begin{aligned}
C &\geqslant \int_{\Omega}\left[\frac{u_n^2}{2\sigma^2}-\log I_0\left(\frac{f u_n}{\sigma^2}\right)\right]\mathrm{d}x \\
&\geqslant \int_{\Omega}\left[\frac{u_n^2}{2\sigma^2}-\frac{f u_n}{\sigma^2}\right]\mathrm{d}x=\frac{1}{2\sigma^2}\int_{\Omega}[(u_n-f)^2-f^2]\mathrm{d}x \\
&=\frac{1}{2\sigma^2}[\|\nu_n+w_n-f\|_2^2-\|f\|_2^2] \\
&\geqslant \frac{1}{2\sigma^2}\|w_n\|_2(\|w_n\|_2-2\|v_n-f\|_2)-\frac{1}{2\sigma^2}\|f\|_2^2 \qquad (3\text{-}72)
\end{aligned}
$$

因此 $\|w_n\|_2=\left|\int_{\Omega}u_n\mathrm{d}x\right|\frac{\|\chi_{\Omega}\|_2}{|\Omega|}\leqslant C$。又有

$$
\begin{aligned}
\|u_n\|_{L^2(\Omega)} &= \|u_n-w_n+w_n\|_{L^2(\Omega)} \\
&= \|v_n+w_n\|_{L^2(\Omega)} \\
&\leqslant \|v_n\|_{L^2(\Omega)}+\|w_n\|_{L^2(\Omega)}\leqslant C \qquad (3\text{-}73)
\end{aligned}
$$

从而 $u_n\in L^2(\Omega)$，即u_n 在$BV(\Omega)$中有界。假设 $M(\Omega)$ 是所有符号测度在 Ω 上的有界变差的集合。由于u_n在 $L^2(\Omega)$ 和 $BV(\Omega)$ 上有界，$BV(\Omega)$ 在$L^2(\Omega)$上相对紧支，从而存在 $\{u_{n_j}\}\subset\{u_n\}$，$u\in BV(\Omega)$ 使得：

$$
u_{n_j}\xrightarrow{L^2}u,\ u_{n_j}\xrightarrow{\mathrm{BV}-\mathrm{w}^*}u \text{ in } BV(\Omega),\ D u_{n_j}\xrightarrow{*}{}_{\mathcal{M}}Du \qquad (3\text{-}74)
$$

由下半连续性定理[97]可得：

$$
F(u)\leqslant \liminf_{j\to\infty}F(u_{n_j}) \qquad (3\text{-}75)
$$

即 u 为 F 的极小值点。 □

3.3.3 ALM-TFPM 算法

本章节中，我们提出使用 TFPM 求解由极小化 Rician 去噪和去模糊模型产生的子问题中的椭圆型或抛物型方程。我们先考虑 Rician 去噪模型的求解，然后再研究 Rician 去噪和 Gaussian 去模糊模型的求解。

为了找到 Rician 去噪模型的极小值[方程(3-39)]，我们估计 F 在 u 处关于 ν 方向的方向导数。

显然可见 $\nu=-F'(u)$ 是最速下降方向，此时方向导数$\langle F'(u),\nu\rangle$ 是负的，绝对值$|\langle F'(u),\nu\rangle|$最大。由于子空间 $C_c^{\infty}(\Omega)$ 在 $L^2(\Omega)$ 中稠，由

$$
\langle F'(u),\nu\rangle=F'(u;\nu)=\frac{\mathrm{d}}{\mathrm{d}\lambda}F(u+\lambda\nu)|_{\lambda=0} \qquad (3\text{-}76)
$$

对任给的 $\nu\in C_c^{\infty}(\Omega)$，有：

$$F'(u) = -\operatorname{div}\left(\frac{\nabla u}{|\nabla u|}\right) + \frac{\lambda}{\sigma^2}\left[u - \frac{I_1\left(\frac{fu}{\sigma^2}\right)}{I_0\left(\frac{fu}{\sigma^2}\right)} f\right]$$
$$= -\operatorname{div}\left(\frac{\nabla u}{|\nabla u|}\right) + \frac{\lambda}{\sigma^2}[u - r(u,f)f] \tag{3-77}$$

式中，$r(u,f) = \frac{I_1\left(\frac{fu}{\sigma^2}\right)}{I_0\left(\frac{fu}{\sigma^2}\right)}$。由第一类修正的 Bessel 函数的性质(图 3-2)，可证实对任给的 $t \geqslant 0$ 都有 $0 < r(t) = \frac{I_1(t)}{I_0(t)} < 1$。

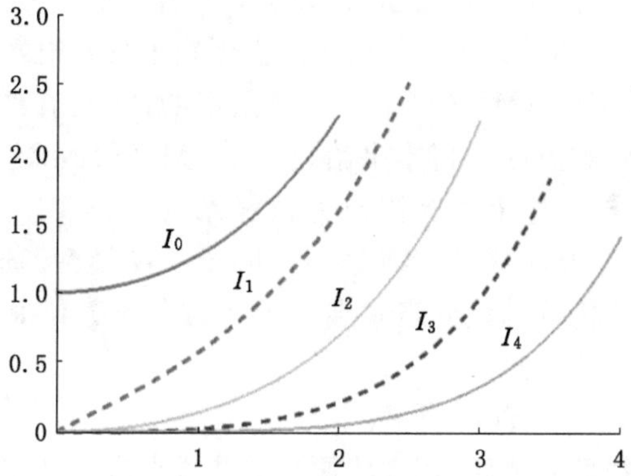

图 3-2　第一类修正的 Bessel 函数

因此，极小化能量泛函 F 的梯度流为

$$\frac{\partial u}{\partial t} = \operatorname{div}\left(\frac{\nabla u}{|\nabla u|}\right) - \frac{\lambda}{\sigma^2}[u - r(u,f)f] \tag{3-78}$$

由于稳定性条件对时间步长的约束，直接求解上述梯度流有一定的难度：

① 在图像信息变化剧烈的地方，$|\nabla u|$ 较大，扩散系数 $\frac{1}{|\nabla u|}$ 相应地就会偏小，对于 $\frac{1}{|\nabla u|} \ll 1$ 的奇异摄动问题，方程的解会产生一些边界层和内层，问题解本身或者其空间/时间导数会变化很快，一般的数值格式需要很密的网格剖分才能够得到相对满意的结果，且这些内层和边界层会引起数值解的伪振荡。因此，人们往往需要结合其他技巧来对这类问题设计更有效的计算方法。

② 稳定性条件决定时间步长通常要很小，因此要达到足够的精度需要迭代的步数多，所需时间长。

增广拉格朗日方法(ALM)是对二次惩罚法的一种改进。为了使用无约束的目标函数替代原约束问题,二次惩罚法要求二次惩罚项的系数趋于无穷,即对约束的偏离给予很高的惩罚。但这种要求使得无约束目标函数的 Hessian 矩阵趋于无穷,因此其优化变得很不准确,尤其在最优点的附近,目标函数的行为很诡异。如果使用二阶泰勒公式逼近,则只有在非常小的区域内有效,因此收敛速度很慢。通过 Newton 法计算的下降方向会由于 Hessian 矩阵的病态性变得很不准确。ALM 在二次惩罚项的基础上加入了线性项。线性项和二阶项均为对约束偏离的一种惩罚,二次项比较适合惩罚大的偏离;线性项比较适合惩罚小的偏离。因此其由于互补性,在二阶项系数较小的情况下,依然适用。ALM 的巧妙之处在于,多出的二次惩罚项会使算法的收敛速度更快。ALM 比拉格朗日法的普适性更好,需要的条件更温和:比如不要求原函数是强凸的,甚至可以是非凸的,且原函数可以趋于无穷。原因是二次惩罚项具有很好的矫正作用,在原函数非凸的情况下,只要满足 ALM 二阶导是正的,就具有严格的局部极小值点。基于对数值求解难点的分析本书给出了 ALM-TFPM 数值求解方法,即将增广拉格朗日方法与量身定做有限点方法相结合。事实上 Split Bregman 方法[1](与 ALM 方法等价)已经被用于求解 Rician 去噪模型。这里我们采用量身定做有限点方法代替传统的差分格式求解子问题中的奇异摄动问题,以更有效地保留图像的边缘细节信息。

3.3.3.1 去噪的 ALM-TFPM 算法

要使用增广拉格朗日方法,需要将原来非凸模型进行凸化,得到凸化模型:

$$E(u)=\int_{\Omega}|\nabla u|\mathrm{d}x+\lambda\int_{\Omega}G_{\sigma}(u)\mathrm{d}x \tag{3-79}$$

$$G_{\sigma}(z)=\begin{cases}H_{\sigma}(z), & z\geqslant c\sigma;\\ H_{\sigma}(z)+H'_{\sigma}(z)(z-c\sigma), & z<c\sigma\end{cases} \tag{3-80}$$

其中,$c=0.824\,6$,$H_{\sigma}(z)=-\log I_0\left(\frac{f\cdot z}{\sigma^2}\right)+\frac{z^2}{2\sigma^2}$。

采用增广拉格朗日方法(ALM)极小化 Rician 去噪模型的能量泛函[21,98]。首先,我们将上述能量泛函的极小化转化为如下约束优化问题:

$$\begin{aligned}&\min_{p,u}\int_{\Omega}|p|\mathrm{d}x+\lambda\int_{\Omega}G_{\sigma}(u)\mathrm{d}x\\&\text{s.t.}\quad p=\nabla u\end{aligned} \tag{3-81}$$

考虑如下增广拉格朗日泛函:

$$\begin{aligned}\mathcal{L}(u,p;\lambda_1)=&\int_{\Omega}|p|\mathrm{d}x+\lambda\int_{\Omega}G_{\sigma}(u)\mathrm{d}x+\frac{\nu}{2}\int_{\Omega}|p-\nabla u|^2\mathrm{d}x+\\&\int_{\Omega}\lambda_1\cdot(p-\nabla u)\mathrm{d}x\end{aligned} \tag{3-82}$$

式中，$\nu > 0$ 为数值方法中被选取的惩罚参数；$\lambda_1 \in \mathbb{R}^2$ 为拉格朗日乘子。

根据最优化理论，要得到泛函 $E(u)$ 的极小值，要找到 $\mathcal{L}$ 的鞍点。我们可以采用迭代算法寻找 $\mathcal{L}$ 的鞍点：对于任意的 u 和 p，可以先固定其中一个得到对应子问题的极小值，再更新拉格朗日乘子。这个过程一直重复进行直到下面两个泛函收敛。

$$\varepsilon_1(u;\lambda_1) = \lambda\int_\Omega G_\sigma(u)\mathrm{d}x + \frac{\nu}{2}\int_\Omega |p-\nabla u|^2\mathrm{d}x + \int_\Omega \lambda_1\cdot(p-\nabla u)\mathrm{d}x \tag{3-83}$$

$$\varepsilon_2(p;\lambda_1) = \int_\Omega |p|\mathrm{d}x + \frac{\nu}{2}\int_\Omega |p-\nabla u|^2\mathrm{d}x + \int_\Omega \lambda_1\cdot(p-\nabla u)\mathrm{d}x \tag{3-84}$$

接下来讨论如何得到这两个子问题的极小值。将 $\varepsilon_2(p;\lambda_1)$ 化为：

$$\varepsilon_2(p;\lambda_1) = \int_\Omega |p|\mathrm{d}x + \frac{\nu}{2}\int_\Omega \left|p-\left(\nabla u - \frac{\lambda_1}{\nu}\right)\right|^2\mathrm{d}x + \widetilde{C} \tag{3-85}$$

式中，$\widetilde{C} = \frac{\nu}{2}|\nabla u|^2 - \lambda_1\cdot\nabla u + \frac{\nu}{2}\lambda_1^2$ 不依赖 p，可得极小值为：

$$\mathrm{Arg}\ \min_p \varepsilon_2(p;\lambda_1) = \max\left\{0, 1-\frac{1}{\nu|p^*|}\right\}p^* \tag{3-86}$$

式中，$p^* = \nabla u - \frac{\lambda_1}{\nu}$。$\varepsilon_1(u;\lambda_1)$ 的极小值没有封闭解，可以通过它的欧拉-拉格朗日方程得到：

$$\begin{cases} -\nu\Delta u + \dfrac{\lambda}{\sigma^2}u = \dfrac{\lambda}{\sigma^2}\dfrac{I_1}{I_0}\left(\dfrac{fu}{\sigma^2}\right)f - \nabla_x(\nu p_x + \lambda_{1,x}) - \nabla_y(v p_y + \lambda_{1,y}), u \geqslant c\sigma \\ -\nu\Delta u = \dfrac{\lambda}{\sigma^2}\dfrac{I_1}{I_0}\left(\dfrac{fc}{\sigma}\right)f - \dfrac{\lambda}{\sigma}c - \nabla_x(\nu p_x + \lambda_{1,x}) - \nabla_y(\nu p_y + \lambda_{1,y}), u < c\sigma \end{cases} \tag{3-87}$$

其中，$c = 0.824\,6$[1]。当 $u < c\sigma$ 时，令 $\alpha = \frac{\lambda}{\sigma^2\nu}$，$g = \frac{\lambda}{\sigma^2\nu}f$，$\widetilde{p} = p + \frac{\lambda_1}{\nu}$，$A(x) = \frac{I_1}{I_0}(x)$ 和 $q^k = u_{i+1,j}^k + u_{i-1,j}^k + u_{i,j+1}^k + u_{i,j-1}^k + 4u_{i,j}^k - \widetilde{p}_{x,i,j}^k + \widetilde{p}_{x,i-1,j}^k - \widetilde{p}_{y,i,j}^k + \widetilde{p}_{y,i,j-1}^k$，我们得到欧拉-拉格朗日方程的迭代形式如下：

$$u_{ij}^{k+1} = \frac{1}{8}\left[-\alpha c\sigma + gA\left(\frac{fc}{\sigma}\right) + q^k\right] \tag{3-88}$$

当 $u \geqslant c\sigma$ 时，记 $B = \bar{\lambda}\frac{I_1}{I_0}\left(\frac{fu}{\sigma^2}\right)f - \nabla_x(\nu p_x + \lambda_{1,x}) - \nabla_y(\nu p_y + \lambda_{1,y})$，其中 $\bar{\lambda} = \frac{\lambda}{\sigma^2}$，则欧拉-拉格朗日方程可简化为

$$-\nu\Delta u + \bar{\lambda}u = B \tag{3-89}$$

采用 TFPM，我们仅需要求解下面的方程：

$$u_{ij}^{n}-\frac{1}{4\cosh^{2}\left(\frac{\mu_{0}h}{2}\right)}(u_{i+1,j}^{n}+u_{i-1,j}^{n}+u_{i,j+1}^{n}+u_{i,j-1}^{n})=\frac{B}{\bar{\lambda}}\left[1-\frac{1}{\cosh^{2}\left(\frac{\mu_{0}h}{2}\right)}\right] \tag{3-90}$$

其中，$\mu_0=\sqrt{\dfrac{\bar{\lambda}}{\nu}}$，$\nu$ 较小。上面的格式可被写作：

$$AU^{n+1}=F^{n} \tag{3-91}$$

其中，A 是严格对角占优矩阵，所以算法收敛且无条件稳定。且产生的五对角常系数线性方程组可由 BICGSTAB 快速求解。

我们将这种逼近泛函(3-82)的鞍点的迭代方法整理为算法 1，并记作 ALM-TFPM 算法。

算法 1 求解所提出模型(3-79)的 TFPM 和 ALM 相结合的算法。

1. 初始化：$u^0=f$，p^0，λ_1^0。当 $k\geqslant 1$，重复以下步骤（步骤 2～4）。
2. 固定拉格朗日乘子 λ_1^{k-1}，使用式(3-86)、(3-88)和(3-90)计算 u^k 和 p^k。
3. 更新拉格朗日乘子：

$$\lambda_1^{\text{new}}=\lambda_1^{\text{old}}+\nu(p^k-\nabla u^k)$$

4. 估计相对残差[式(3-122)]，如果它们小于给定的阈值 ϵ_r，则停止迭代。

3.3.3.2 去噪和去模糊的 ALM-TFPM 算法

Rician 去噪和去模糊的全变差模型为

$$\min_u F(u)=\min_u\int_{\Omega}|Du|\,\mathrm{d}x+\lambda\int_{\Omega}\left[\frac{(Ku)^2}{2\sigma^2}-\log I_0\left(\frac{fKu}{\sigma^2}\right)\right]\mathrm{d}x \tag{3-92}$$

与 Rician 去噪情形相似，它的梯度流也描述了 u 向能量泛函 F 的局部极小值点的运动。梯度流为

$$\frac{\partial u}{\partial t}=\mathrm{div}\left(\frac{\nabla u}{|\nabla u|}\right)-\frac{\lambda}{\sigma^2}\left[K^*Ku-K^*\frac{I_1}{I_0}\left(\frac{fKu}{\sigma^2}\right)f\right] \tag{3-93}$$

基于对数值求解难点的分析，本书给出了 ALM-TFPM 数值求解方法，即将增广 Lagrangian 方法与量身定做的有限点方法相结合。要使用增广 Lagrangian 方法，需要将原来非凸模型进行凸化，得到凸化模型：

$$E(u)=\int_{\Omega}|\nabla u|\,\mathrm{d}x+\lambda\int_{\Omega}G_{\sigma}(Ku)\,\mathrm{d}x \tag{3-94}$$

其中，$c=0.824\,6$，$H_{\sigma}(z)=-\log I_0\left(\dfrac{f\cdot z}{\sigma^2}\right)+\dfrac{z^2}{2\sigma^2}$，

$$G_\sigma(z)=\begin{cases}H_\sigma(z), & z\geqslant c\sigma\\ H_\sigma(z)+H_\sigma{}'(z)(z-c\sigma), & z<c\sigma\end{cases}\tag{3-95}$$

作变量替换,得到如下优化问题：

$$\begin{aligned}&\min_{p,z,u}\int_\Omega |p|\mathrm{d}x+\lambda\int_\Omega G_\sigma(z)\mathrm{d}x\\&\text{s.t. } p=\nabla u, z=Ku\end{aligned}\tag{3-96}$$

由增广拉格朗日方法,得到如下优化问题：

$$\begin{aligned}\mathcal{L}(u,p,z;\lambda_1,\lambda_2)=&\int_\Omega |p|\mathrm{d}x+\lambda\int_\Omega G_\sigma(z)\mathrm{d}x+\frac{\gamma_1}{2}\int_\Omega (p-\nabla u)^2\mathrm{d}x+\\&\int_\Omega \lambda_1\cdot(p-\nabla u)\mathrm{d}x+\frac{\gamma_2}{2}\int_\Omega (z-Ku)^2\mathrm{d}x+\\&\int_\Omega \lambda_2\cdot(z-Ku)\mathrm{d}x\end{aligned}\tag{3-97}$$

其中,$\gamma_1>0,\gamma_2>0$,是数值实验中选取的惩罚参数;$\lambda_1\in\mathbb{R}^2,\lambda_2\in\mathbb{R}$,是拉格朗日乘子。

使用 ALM 求解,得到关于 u,p,z 的三个子问题：

$$\varepsilon_1(p;\lambda_1)=\int_\Omega |p|\mathrm{d}x+\frac{\gamma_1}{2}\int_\Omega (p-\nabla u)^2\mathrm{d}x+\int_\Omega \lambda_1\cdot(p-\nabla u)\mathrm{d}x\tag{3-98}$$

$$\varepsilon_2(z;\lambda_2)=\lambda\int_\Omega G_\sigma(z)\mathrm{d}x+\frac{\gamma_2}{2}\int_\Omega (z-Ku)^2\mathrm{d}x+\int_\Omega \lambda_2\cdot(z-Ku)\mathrm{d}x\tag{3-99}$$

$$\begin{aligned}\varepsilon_3(u;\lambda_1,\lambda_2)=&\frac{\gamma_1}{2}\int_\Omega (p-\nabla u)^2\mathrm{d}x+\int_\Omega \lambda_1\cdot(p-\nabla u)\mathrm{d}x+\\&\frac{\gamma_2}{2}\int_\Omega (z-Ku)^2\mathrm{d}x+\int_\Omega \lambda_2\cdot(z-Ku)\mathrm{d}x\end{aligned}\tag{3-100}$$

对这三个子问题分别求解,得到如下解的形式：

$$\operatorname{Arg\,min}_p\,\varepsilon_1(p;\lambda_1)=\max\left\{0,1-\frac{1}{\gamma_1|p^*|}\right\}p^*\tag{3-101}$$

其中,$p^*=\nabla u-\dfrac{\lambda_1}{\gamma_1}$。

$$z=\begin{cases}\dfrac{1}{\tilde{\lambda}+\gamma_2}\left[\tilde{\lambda}\dfrac{I_1}{I_0}\left(\dfrac{fz}{\sigma^2}\right)f+\gamma_2\cdot Ku-\lambda_2\right], & z\geqslant c\sigma\\ \dfrac{1}{\gamma_2}\left[\tilde{\lambda}\left(\dfrac{I_1}{I_0}\left(\dfrac{fc}{\sigma}\right)-1\right)c\sigma+\gamma_2\cdot Ku-\lambda_2\right], & z<c\sigma\end{cases}\tag{3-102}$$

其中,$\tilde{\lambda}=\lambda/\sigma^2$。

求解第一个方程时,可以采用 Picard 迭代的方法,即 $z^{k+1}=G(z^k)$,其中 G 代表方程右边的函数。我们也可以采用 Newton 方法求解。

$\varepsilon_3(u;\lambda_1,\lambda_2)$ 的梯度流为

$$u_t = \gamma_1 \Delta u - \gamma_2 K^* K u + B \tag{3-103}$$

式中，$B = K^*(\lambda_2 + \gamma_2 z) - \nabla\cdot(\gamma_1 p + \lambda_1)$。方程(3-89)中，我们求解的是稳态解，而这里，为了将 TFPM 求解 Δu 项和 FFT 求解$K^* K u$ 项相结合，我们求解时间发展方程。

利用算子分裂的思想，上述方程可通过如下两个步骤有效求解。

步骤 1：$\dfrac{\partial u}{\partial t} = \gamma_1 \Delta u - \gamma_2 u + B$；

步骤 2：$\dfrac{\partial u}{\partial t} = \gamma_2 [I - K^* K] u$。

利用 TFPM 求解步骤 1[99]。首先，我们采用时间上是二阶精度的梯形公式，一般称为 Crank-Nicolson 格式，得到

$$\frac{u_{ij}^{n+1} - u_{ij}^n}{\tau} = \gamma_1 \left(\frac{u_{x,i+\frac{1}{2},j}^n - u_{x,i-\frac{1}{2},j}^n}{2h} + \frac{u_{x,i+\frac{1}{2},j}^{n+1} - u_{x,i-\frac{1}{2},j}^{n+1}}{2h} \right) + \gamma_1 \left(\frac{u_{y,i,j+\frac{1}{2}}^n - u_{y,i,j-\frac{1}{2}}^n}{2h} + \frac{u_{y,i,j+\frac{1}{2}}^{n+1} - u_{y,i,j-\frac{1}{2}}^{n+1}}{2h} \right) - \gamma_2 \frac{u_{ij}^n + u_{ij}^{n+1}}{2} + B \tag{3-104}$$

为了逼近边界层和内层，我们选取基函数插值 u。例如，我们用分片常数 $\nu_{i+\frac{1}{2},j+\frac{1}{2}}$ 逼近网格 $[x_i, x_{i+1}] \times [y_j, y_{j+1}]$ 上的 $\dfrac{\partial u}{\partial t}$，则方程退化为

$$-\gamma_1 u_{xx} - \gamma_1 u_{yy} + \gamma_2 u = B - \nu_{i+\frac{1}{2},j+\frac{1}{2}} \tag{3-105}$$

方程的解满足：

$$u(x,y) \in \frac{B - v_{i+\frac{1}{2},j+\frac{1}{2}}}{\gamma_2} + \mathrm{span}(\mathrm{e}^{\xi x}, \mathrm{e}^{-\xi x}, \mathrm{e}^{\xi y}, \mathrm{e}^{-\xi y}) \tag{3-106}$$

其中，

$$\xi = \sqrt{\frac{\gamma_2}{\gamma_1}} \tag{3-107}$$

显然可得

$$\begin{cases} u_{x,i+\frac{1}{2},j} = \xi \dfrac{u_{i+1,j} - u_{ij}}{e^{\frac{\xi h}{2}} - e^{-\frac{\xi h}{2}}} \\ u_{y,i,j+\frac{1}{2}} = \xi \dfrac{u_{i,j+1} - u_{ij}}{\mathrm{e}^{\frac{\xi h}{2}} - \mathrm{e}^{-\frac{\xi h}{2}}} \end{cases} \tag{3-108}$$

从而上述抛物型方程的量身定做有限点格式为：

$$\left(1 + \frac{\tau \gamma_2}{2}\right) u_{ij}^{n+1} - \frac{\tau \gamma_1 \xi}{2(\mathrm{e}^{\frac{\xi}{2}} - \mathrm{e}^{-\frac{\xi}{2}})} (u_{i+1,j}^{n+1} + u_{i-1,j}^{n+1} + u_{i,j+1}^{n+1} + u_{i,j-1}^{n+1} - 4 u_{ij}^{n+1}) =$$

$$\frac{\tau\gamma_1\xi}{2(e^{\frac{\xi}{2}}-e^{-\frac{\xi}{2}})}(u_{i+1,j}^n+u_{i-1,j}^n+u_{i,j+1}^n+u_{i,j-1}^n-4u_{ij}^n)+\left(1-\frac{\tau\gamma_2}{2}\right)u_{ij}^n+\tau B \tag{3-109}$$

可由 BICGSTAB 求解。由 von Neumann 线性稳定性分析，重写数值解为

$$u_{ij}^n=\nu^n e^{Ikih+Irjh} \tag{3-110}$$

式中，$I=\sqrt{-1}$；k,r 为空间频率；v 为放大因子。将数值解的表达式代入迭代格式，则有：

$$|v|=\left|\frac{1-\frac{\tau\gamma_2}{2}-\frac{\tau\gamma_1\xi}{e^{\frac{\xi}{2}}-e^{-\frac{\xi}{2}}}(2-\cos kh-\cos rh)}{1+\frac{\tau\gamma_2}{2}+\frac{\tau\gamma_1\xi}{e^{\frac{\xi}{2}}-e^{-\frac{\xi}{2}}}(2-\cos kh-\cos rh)}\right|\leqslant 1 \tag{3-111}$$

因此，量身定做的有限点格式是无条件稳定的。对于步骤 2，直接由松弛的差分格式有

$$\frac{u_{ij}^{n+1}-u_{ij}^n}{\tau}=\alpha\gamma_2(I-K^*K)u_{ij}^n \tag{3-112}$$

即

$$u_{ij}^{n+1}=[1+\alpha\tau\gamma_2(I-K^*K)]u_{ij}^n \tag{3-113}$$

可由 FFT 求解。

我们将这种逼近泛函(3-97)的鞍点的迭代方法整理为算法 2，并记作 ALM-TFPM 算法.

算法 2　求解所提出模型(3-92)的 TFPM 和 ALM 相结合的算法。

1. 初始化：$u^0=f,p^0,z^0,\lambda_1^0,\lambda_2^0$。当 $k\geqslant1$，重复以下步骤（步骤 2～4）。
2. 固定拉格朗日乘子 λ_1^{k-1}，使用式(3-109) 和式(3-113) 计算 u^k，由式(3-101)计算 p^k，由式(3-101)计算 z^k。
3. 更新拉格朗日乘子：

$$\lambda_1^{new}=\lambda_1^{old}+\gamma_1(p^k-\nabla u^k)$$
$$\lambda_2^{new}=\lambda_2^{old}+\gamma_2(z^k-Ku^k)$$

4. 估计相对残差[式(3-122)]，如果它们小于给定的阈值 ϵ_r，则停止迭代。

3.4　基于平均曲率正则化的图像去噪

3.4.1　基于平均曲率正则化的图像去噪模型

假设

$$f = u + \eta$$

式中，f 为降质图像；u 为相应的干净的图像；η 为高斯噪声。

令$\hat{u}$为给定降质图像 f 下 u 的最可能值，即 $\hat{u} = \arg\max_u P(u \mid f) = \{\forall\ \hat{u}: P(\hat{u} \mid f) \leqslant P(u \mid f)\}$。根据贝叶斯定理，有：

$$\max_u P(u \mid f) \Leftrightarrow \max_u P(u)P(f \mid u) \Leftrightarrow \min_u\{-\log P(u) - \log P(f \mid u)\}$$

基于平均曲率的图像去噪模型是最大后验法(MAP)，给定先验知识

$$P(u) = \exp\left(-\alpha\int_\Omega \varphi_a\left(\nabla\cdot\left(\frac{\nabla u}{\sqrt{1+|\nabla u|^2}}\right)\right)\right)$$

其中，α 为调整模型的比例参数，$a>0$ 为一个常数。再根据高斯分布的概率密度

$$P(f \mid u) = P(f; u, \sigma) = \frac{1}{\sqrt{2\pi\sigma^2}}\exp\left\{-\frac{(f-u)^2}{2\sigma^2}\right\}$$

就可以得到如下形式的基于平均曲率的图像去噪模型[98]：

$$\min_u E(u) = \min_u \alpha\int_\Omega \varphi_a\left(\nabla\cdot\left(\frac{\nabla u}{\sqrt{1+|\nabla u|^2}}\right)\right)\mathrm{d}x + \frac{1}{2\sigma^2}\int_\Omega (f-u)^2\,\mathrm{d}x + \frac{|\Omega|}{2}\log(2\pi\sigma^2)$$

上式等价于

$$\min_u E(u) = \min_u \lambda\int_\Omega \varphi_a\left(\nabla\cdot\left(\frac{\nabla u}{\sqrt{1+|\nabla u|^2}}\right)\right)\mathrm{d}x + \frac{1}{2}\int_\Omega (f-u)^2\,\mathrm{d}x \tag{3-114}$$

其中，$\lambda=\sigma^2\alpha$。接下来，我们就研究式(3-114)所示的基于平均曲率的图像去噪模型，其中势函数φ_a为如下形式：

$$\varphi_a(x) = \begin{cases} \dfrac{1}{2a}x^2, & |x| \leqslant a \\ |x| - \dfrac{1}{2}a, & |x| > a \end{cases}$$

这里，$a>0$，定义域内图像具有较大的灰度曲率或者较小的灰度曲率。一方面，在 $\kappa=\nabla\cdot\left(\dfrac{\nabla u}{\sqrt{1+|\nabla u|^2}}\right)>a$ 的区域内，将全变差作为正则项，可有效保持图像的边缘信息；另一方面，在 $\kappa\leqslant a$ 的区域内，采用 Tikhonov 正则项对该区域内的 u 进行平滑约束，目的是为了减轻阶梯效应。显然，φ_a在 $\mathbb{R}$ 上是凸的。我们在图 3-3 中展示了全变差正则项的曲线、Tikhonov 正则项的曲线以及模型中使用的势函数在 $a=2$ 时的曲线。

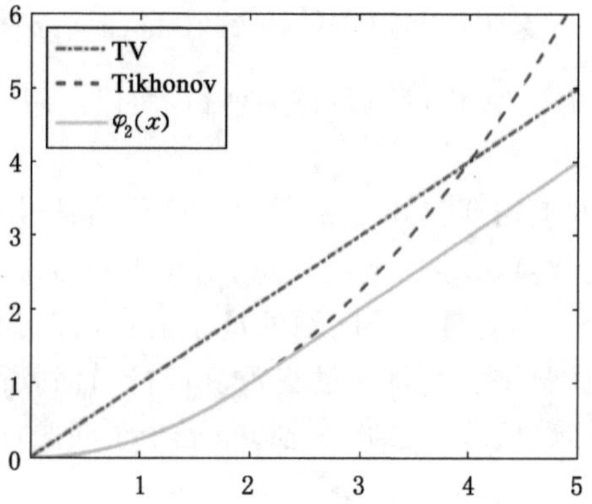

图 3-3　势函数曲线

3.4.2　ALM-TFPM 算法

下面，我们将增广 Lagrangian 方法与量身定做的有限点方法相结合，求解基于平均曲率的图像去噪模型。

事实上，增广拉格朗日方法已经被成功应用于 MC 模型[98]。这里，我们将使用 TFPM 求解所得的椭圆型或抛物型方程子问题。为了最小化泛函(3-114)，我们提出了一个等效的约束优化问题，如下式所示：

$$\min_{u,k,n,p}\left\{\lambda\int_{\Omega}\varphi_a(\kappa)\mathrm{d}x+\frac{1}{2}\int_{\Omega}(f-u)^2\mathrm{d}x\right\}$$

$$\text{s.t. } \kappa=\nabla\cdot\boldsymbol{n},\boldsymbol{n}=\frac{\boldsymbol{p}}{|\boldsymbol{p}|},\boldsymbol{p}=\langle\nabla u,1\rangle$$

然后考虑如下增广拉格朗日泛函：

$$\begin{aligned}\mathcal{L}(u,\kappa,\boldsymbol{n},\boldsymbol{p},\boldsymbol{m};\lambda_1,\lambda_2,\lambda_3,\lambda_4)=\lambda\int\varphi_a(\kappa)+\frac{1}{2}\int(f-u)^2+r_1\int(|\boldsymbol{p}|-\boldsymbol{p}\cdot\boldsymbol{m})+\\ \int\lambda_1(|\boldsymbol{p}|-\boldsymbol{p}\cdot\boldsymbol{m})+\frac{r_2}{2}\int|\boldsymbol{p}-\langle\nabla u,1\rangle|+\\ \int\lambda_2\cdot(\boldsymbol{p}-\langle\nabla u,1\rangle)+\frac{r_3}{2}\int(\kappa-\partial_x n_1-\partial_y n_2)^2+\\ \int\lambda_3(\kappa-\partial_x n_1-\partial_y n_2)+\frac{r_4}{2}\int|\boldsymbol{n}-\boldsymbol{m}|^2+\\ \int\lambda_4(\boldsymbol{n}-\boldsymbol{m})+\delta_R(\boldsymbol{m})\end{aligned}\tag{3-115}$$

其中，$r_i>0,i=1,2,3,4$，是数值实现中要选择的惩罚参数；$\lambda_1,\lambda_3\in\mathbb{R}$ 和 $\lambda_2,\lambda_4\in\mathbb{R}^3$ 是拉格朗日乘子；$\boldsymbol{p},\boldsymbol{n},\boldsymbol{m}\in\mathbb{R}^3$，均类似于文献[60,98]中的讨论。变量 $\boldsymbol{m}$ 是变量 $\boldsymbol{n}$

的松弛，其中 $\boldsymbol{n}=\frac{\boldsymbol{p}}{|\boldsymbol{p}|}$。变量 $\boldsymbol{m}$ 必须在集合 $\mathcal{R}$ 中，这时 $|\boldsymbol{p}|-\boldsymbol{p}\cdot\boldsymbol{m}$ 总是非负的。非负的优点在于不再需要使用 L^2 范数作为惩罚，而仅仅用 $|\boldsymbol{p}|-\boldsymbol{p}\cdot\boldsymbol{m}$ 作为惩罚项即可。

基于优化理论，我们需要找到 $\mathcal{L}$ 的鞍点，以便找到原始函数 $E(u)$ 的最小值点。我们可以按照迭代算法寻找 $\mathcal{L}$ 的鞍点：对于变量 $u,\kappa,\boldsymbol{n},\boldsymbol{p},\boldsymbol{m}$，我们固定其中四个变量寻找剩余一个变量的子问题的最小值点，直到我们将所有的变量都更新后，再更新拉格朗日乘子。将该过程重复进行，直到所有变量收敛为止，这时鞍点将被逼近。因此，我们考虑最小化以下五个子问题：

$$\varepsilon_1(u)=\frac{1}{2}\int(f-u)^2+\frac{r_2}{2}\int|\boldsymbol{p}-\langle\nabla u,1\rangle|\int\lambda_2\cdot(\boldsymbol{p}-\langle\nabla u,1\rangle)$$

$$\varepsilon_2(\kappa)=\lambda\int\varphi_a(\kappa)+\frac{r_3}{2}\int(\kappa-\partial_x n_1-\partial_y n_2)^2+\int\lambda_3(\kappa-\partial_x n_1-\partial_y n_2)^2$$

$$\varepsilon_3(\boldsymbol{p})=r_1\int(|\boldsymbol{p}|-\boldsymbol{p}\cdot\boldsymbol{m})+\int\lambda_1(|\boldsymbol{p}|-\boldsymbol{p}\cdot\boldsymbol{m})+\frac{r_2}{2}\int|\boldsymbol{p}-\langle\nabla u,1\rangle|^2+\int\lambda_2\cdot(\boldsymbol{p}-\langle\nabla u,1\rangle)$$

$$\varepsilon_4(\boldsymbol{n})=\frac{r_3}{2}\int(\kappa-\partial_x n_1-\partial_y n_2)^2+\int\lambda_3(\kappa-\partial_x n_1-\partial_y n_2)^2+\frac{r_4}{2}\int|\boldsymbol{n}-\boldsymbol{m}|^2+\int\lambda_4(\boldsymbol{n}-\boldsymbol{m})+\delta_{\mathcal{R}}(\boldsymbol{m})$$

$$\varepsilon_5(\boldsymbol{m})=r_1\int(|\boldsymbol{p}|-\boldsymbol{p}\cdot\boldsymbol{m})+\int\lambda_1(|\boldsymbol{p}|-\boldsymbol{p}\cdot\boldsymbol{m})+\frac{r_4}{2}\int|\boldsymbol{n}-\boldsymbol{m}|^2+\int\lambda_4(\boldsymbol{n}-\boldsymbol{m})+\delta_{\mathcal{R}}(\boldsymbol{m})$$

类似文献[60,98]中的讨论，接下来我们讨论求解上述所有泛函的最小值点。函数 $\varepsilon_2(\kappa)$，$\varepsilon_3(\boldsymbol{p})$ 和 $\varepsilon_5(\boldsymbol{m})$ 的最小值点均具有封闭形式的解，而函数 $\varepsilon_1(u)$ 和 $\varepsilon_4(\boldsymbol{n})$ 没有封闭形式的解，可以通过相应的欧拉-拉格朗日方程来确定。为了获得泛函 $\varepsilon_3(\boldsymbol{p})$ 和 $\varepsilon_5(\boldsymbol{m})$ 的极小值，我们首先给出两个引理[60,98]。

引理 3.4.1 假设 x_0 是一给定的标量或者向量，μ,r 是两个参数，且 $r>0$，则下面的泛函

$$\min_x\int_\Omega\mu|x|+\frac{r}{2}|x-x_0|^2$$

的极小值点为：

$$x=\max\left\{0,1-\frac{\mu}{r|x_0|}\right\}x_0$$

引理 3.4.2 （Lions and Mercier[100]）假设 $\boldsymbol{m}_0$ 是一个已知向量，则最小值

问题

$$\min_{m}\int_{\Omega}|\boldsymbol{m}-\boldsymbol{m}_0|^2+\delta_{\mathcal{R}}(\boldsymbol{m})$$

存在精确解

$$\boldsymbol{m}=\begin{cases}\boldsymbol{m}_0, & |\boldsymbol{m}_0|\leqslant 1\\ \dfrac{\boldsymbol{m}_0}{|\boldsymbol{m}_0|}, & |\boldsymbol{m}_0|>1\end{cases}$$

关于 $\varepsilon_3(\boldsymbol{p})$ 的子问题,可以改写为如下形式:

$$\varepsilon_3(\boldsymbol{p})=\int(r_1+\lambda_1)|\boldsymbol{p}|+\frac{r_2}{2}\left|\boldsymbol{p}-\left(\langle\nabla u,1\rangle-\frac{\lambda_2}{r_2}+\frac{r_1+\lambda_1}{r_2}\boldsymbol{m}\right)\right|^2+\widetilde{c_1}$$

式中,$\widetilde{c_1}$ 为一个与 $\boldsymbol{p}$ 无关的常数,根据引理 3.4.1,$\varepsilon_3(\boldsymbol{p})$ 的最小值点为

$$\operatorname{Arg}\min_{\boldsymbol{p}}\varepsilon_3(\boldsymbol{p})=\max\left\{0,1-\frac{r_1+\lambda_1}{r_2|\widetilde{\boldsymbol{p}}|}\right\}\widetilde{\boldsymbol{p}} \tag{3-116}$$

式中,$\widetilde{\boldsymbol{p}}=\langle\nabla u,1\rangle-\dfrac{\lambda_2}{r_2}+\dfrac{r_1+\lambda_1}{r_2}\boldsymbol{m}$。类似地,有

$$\varepsilon_5(\boldsymbol{m})=\frac{r_4}{2}\int\left|\boldsymbol{m}-\left(\boldsymbol{n}+\frac{r_1+\lambda_1}{r_4}\boldsymbol{p}+\frac{\lambda_4}{r_4}\right)\right|^2+\delta_{\mathcal{R}}(\boldsymbol{m})+\widetilde{c_2}$$

式中,$\widetilde{c_2}$ 为一个与 $\boldsymbol{m}$ 无关的常数,根据引理 3.4.2,$\varepsilon_5(\boldsymbol{m})$ 的最小值点为:

$$\operatorname{Arg}\min_{\boldsymbol{m}}\varepsilon_5(\boldsymbol{m})=\begin{cases}\widetilde{\boldsymbol{m}}, & |\widetilde{\boldsymbol{m}}|\leqslant 1\\ \dfrac{\widetilde{\boldsymbol{m}}}{|\widetilde{\boldsymbol{m}}|}, & |\widetilde{\boldsymbol{m}}|>1\end{cases} \tag{3-117}$$

式中,$\widetilde{\boldsymbol{m}}=\boldsymbol{n}+\dfrac{\lambda_4}{r_4}+\dfrac{r_1+\lambda_1}{r_4}\boldsymbol{p}$。

关于 κ 的子问题,泛函 $\varepsilon_2(\kappa)$ 可以写成如下形式:

$$\varepsilon_2(\kappa)=\lambda\int\varphi_a(\kappa)+\frac{r_3}{2}\int(\kappa-\kappa^*)^2\mathrm{d}x+\widetilde{c_3}$$

式中,$\kappa^*=\partial_x n_1+\partial_y n_2-\dfrac{\lambda_3}{r_3}$,$\widetilde{c_3}$ 与 κ 无关。因为不含有 κ 的空间导数,我们可以通过逐点积分得到泛函 $\varepsilon_2(\kappa)$ 的最小值点。定义 $f(\kappa)=\lambda\varphi_a(\kappa)+\dfrac{r_3}{2}(\kappa-\kappa^*)^2$,则 $f(\kappa)$ 的最小值点一定是 $s\kappa^*$ 的形式,其中 $s\in[0,1]$。这是因为当 $\kappa>0$ 时,$\varphi_a(\kappa)$ 是单调递增的。记

$$g(s)=f(s\kappa^*)=\lambda\varphi_a(s\kappa^*)+\frac{r_3}{2}(s\kappa^*-\kappa^*)^2$$

$$= \begin{cases} \dfrac{\lambda(\kappa^*)^2}{2a}s^2 + \dfrac{r_3(\kappa^*)^2}{2}(s-1)^2, & 0 \leqslant s|\kappa^*| \leqslant a \\ \lambda|\kappa^*|s - \dfrac{a\lambda}{2} + \dfrac{r_3(\kappa^*)^2}{2}(s-1)^2, & a < s|\kappa^*| \leqslant |\kappa^*| \end{cases}$$

则 $g(s)$在$[0,1)$上是凸的。因此,g 的最小值出现在鞍点或者端点处。当 $0 \leqslant s|\kappa^*| \leqslant a$ 时,即 $0 \leqslant s \leqslant \dfrac{a}{|\kappa^*|}$ 时,有

$$g'(s) = \frac{\lambda(\kappa^*)^2}{a}s + r_3(\kappa^*)^2(s-1) = 0$$

因此,$g(s)$ 的最小值点为 $s_0 = \dfrac{r_3}{\lambda/a + r_3}$,$s_0 \in \left[0, \dfrac{a}{|\kappa^*|}\right]$,当且仅当 $|\kappa^*| \leqslant a + \dfrac{\lambda}{r_3}$。此时,泛函$\varepsilon_2(\kappa)$ 在点 $s_0\kappa^* = \dfrac{r_3}{\lambda/a + r_3}\kappa^*$ 处取得最小值。

类似地,当 $a < s|\kappa^*| \leqslant |\kappa^*|$或 $\dfrac{a}{|\kappa^*|} < s \leqslant 1$ 时,$g(s)$ 的最小值点为 $s_1 = 1 - \dfrac{\lambda}{r_3|\kappa^*|}$,$s_1 \in (\dfrac{a}{|\kappa^*|}, 1]$,当且仅当 $|\kappa^*| > a + \dfrac{\lambda}{r_3}$。此时 $\varepsilon_2(\kappa)$ 在 $s_1\kappa^* = \left(1 - \dfrac{\lambda}{r_3|\kappa^*|}\right)\kappa^*$ 处取得最小值。

因此,泛函 $\varepsilon_2(\kappa)$ 的最小值点可以表示为:

$$\text{Arg}\ \min_\kappa \varepsilon_2(\kappa) = \begin{cases} \dfrac{r_3}{\lambda/a + r_3}\kappa^*, & |\kappa^*| \leqslant a + \dfrac{\lambda}{r_3}; \\ \left(1 - \dfrac{\lambda}{r_3|\kappa^*|}\right)\kappa^*, & |\kappa^*| > a + \dfrac{\lambda}{r_3} \end{cases} \tag{3-118}$$

式中,$\kappa^* = \partial_x n_1 + \partial_y n_2 - \dfrac{\lambda_3}{r_3}$。

关于泛函 $\varepsilon_1(u)$,其相关欧拉-拉格朗日方程为:

$$-r_2\Delta u + u = f - (r_2 p_1 + \lambda_{21})_x - (r_2 p_2 + \lambda_{22})_y$$

令 $B = f - (r_2 p_1 + \lambda_{21})_x - (r_2 p_2 + \lambda_{22})_y$,则欧拉-拉格朗日方程可约化为

$$-r_2\Delta u + u = B$$

令

$$u(x,y) = B + \nu(x,y)$$

则 ν 满足

$$-\Delta\nu + \mu_0^2\nu = 0$$

其中,$\mu_0 = \sqrt{\dfrac{1}{r_2}}$。令$H_4 = \{\nu(x,y) | \nu = c_1 e^{-\mu_0 x} + c_2 e^{\mu_0 x} + c_3 e^{-\mu_0 y} + c_4 e^{\mu_0 y}, \forall\ c_i \in \mathbb{R}\}$,则我们可以设计如下格式:

$$\alpha_1 V_1 + \alpha_2 V_2 + \alpha_3 V_3 + \alpha_4 V_4 + \alpha_0 V_0 = 0$$

其中，$V_j = \nu(\boldsymbol{x}^j)$使得上述方程对任意给定的$\nu \in H_4$都成立。即：

$$\begin{cases} \alpha_1 \mathrm{e}^{-\mu_0 h} + \alpha_2 + \alpha_3 \mathrm{e}^{\mu_0 h} + \alpha_4 + \alpha_0 = 0 \\ \alpha_1 \mathrm{e}^{\mu_0 h} + \alpha_2 + \alpha_3 \mathrm{e}^{-\mu_0 h} + \alpha_4 + \alpha_0 = 0 \\ \alpha_1 + \alpha_2 \mathrm{e}^{-\mu_0 h} + \alpha_3 + \alpha_4 \mathrm{e}^{\mu_0 h} + \alpha_0 = 0 \\ \alpha_1 + \alpha_2 \mathrm{e}^{\mu_0 h} + \alpha_3 + \alpha_4 \mathrm{e}^{-\mu_0 h} + \alpha_0 = 0 \end{cases}$$

因此，对任意给定的$0 \neq \alpha_0 \in \mathbb{R}$，上述方程组存在唯一解：

$$\alpha_1 = \alpha_2 = \alpha_3 = \alpha_4 = \frac{-\alpha_0}{4\cosh^2\left(\frac{\mu_0 \mathbb{R}}{2}\right)}$$

将其代入设计的数值格式框架中，就得到了 TFPM 格式：

$$U_0 - \frac{U_1 + U_2 + U_3 + U_4}{4\cosh^2\left(\frac{\mu_0 h}{2}\right)} = B\left(1 - \frac{1}{\cosh^2\left(\frac{\mu_0 h}{2}\right)}\right)$$

其中，$U_j = u(\boldsymbol{x}^j)$。因此，泛函$\varepsilon_1(u)$的最小值点由下列方程决定：

$$u_{ij}^{n+1} - \frac{1}{4\cosh^2\left(\frac{\mu_0 h}{2}\right)}\left(u_{i+1,j}^{n+1} + u_{i-1,j}^{n+1} + u_{i,j+1}^{n+1} + u_{i,j-1}^{n+1}\right) = B\left(1 - \frac{1}{\cosh^2\left(\frac{\mu_0 h}{2}\right)}\right) \tag{3-119}$$

其中，$\mu_0 = \sqrt{\frac{1}{r_2}}$，参数$r_2$可以选取较小的值。

为了更简单直观，我们将式(3-119)整理为：

$$A U^{n+1} = F^n$$

其中，A是严格对角占优的矩阵，因此该算法收敛且无条件稳定。且 BICG-STAB 可以快速求解五对角常数系数的线性系统。

泛函$\varepsilon_4(\boldsymbol{n})$的最小值点可以通过其相应的欧拉-拉格朗日方程确定，如下所示：

$$\begin{cases} -r_3(\partial_x n_1 + \partial_y n_2) + r_4 n_1 = r_4 m_1 - \lambda_{41} - (r_3 \boldsymbol{\kappa} + \lambda_3)_x \\ -r_3(\partial_x n_1 + \partial_y n_2) + r_4 n_2 = r_4 m_2 - \lambda_{42} - (r_3 \boldsymbol{\kappa} + \lambda_3)_y \\ n_3 = m_3 - \frac{\lambda_{43}}{r_4} \end{cases} \tag{3-120}$$

记$h_1 = r_4 m_1 - \lambda_{41} - (r_3 \boldsymbol{\kappa} + \lambda_3)_x$，$h_2 = r_4 m_2 - \lambda_{42} - (r_3 \boldsymbol{\kappa} + \lambda_3)_y$，则上述关于$n_1$和$n_2$的欧拉-拉格朗日方程可以整理为：

$$\begin{pmatrix} r_4 - r_3 \partial_{xx} & -r_3 \partial_{xy} \\ -r_3 \partial_{xy} & r_4 - r_3 \partial_{yy} \end{pmatrix} \begin{pmatrix} n_1 \\ n_2 \end{pmatrix} = \begin{pmatrix} h_1 \\ h_2 \end{pmatrix}$$

采用 FFT 进行求解，n_3 可以直接被解出精确解。我们将这种逼近泛函[式(3-115)]的鞍点的迭代方法整理为算法 3，并记作算法 ALM-TFPM。

算法 3 求解所提出模型(3-114)的 TFPM 和 ALM 相结合的算法。

1. 初始化：$u^0=f,\ \kappa^0,\boldsymbol{p}^0,\boldsymbol{n}^0,\boldsymbol{m}^0$，和 $\lambda_1^0,\ \lambda_2^0,\ \lambda_3^0,\ \lambda_4^0$。当 $k\geqslant 1$，重复以下步骤(步骤 2～4)。
2. 固定拉格朗日乘子 $\lambda_1^{k-1},\lambda_2^{k-1},\lambda_3^{k-1},\lambda_4^{k-1}$，使用式(3-116)～式(3-120)计算相关子问题的最小值点 $\boldsymbol{p}^k,\ \boldsymbol{m}^k,\ \kappa^k,u^k,\boldsymbol{n}^k$。
3. 更新拉格朗日乘子：

$$\lambda_1^k=\lambda_1^{k-1}+r_1(|\ \boldsymbol{p}^k\ |-\boldsymbol{p}^k\cdot\boldsymbol{m}^k)$$

$$\lambda_2^k=\lambda_2^{k-1}+r_2(\boldsymbol{p}^k-\langle\nabla u^k,1\rangle)$$

$$\lambda_3^k=\lambda_3^{k-1}+r_3(\kappa^k-\partial_x n_1^k-\partial_y n_2^k)$$

$$\lambda_4^k=\lambda_4^{k-1}+r_4(\boldsymbol{n}^k-\boldsymbol{m}^k)$$

4. 估计相对残差[式(3-122)]，如果它们小于给定的阈值 ϵ_r，则停止迭代。

3.5 数值算例

在本节中，我们展示一些用我们所提出的 ALM-TFPM 算法所恢复的被 Rician 噪声污染和被 Gaussian 模糊污染的图像的数值结果。我们所考虑的噪声均为 MRI 中的 Rician 噪声，因此首先给出 $\sigma=0.06$ 的 Rician 噪声的概率密度分布图像，如图 3-4 所示。

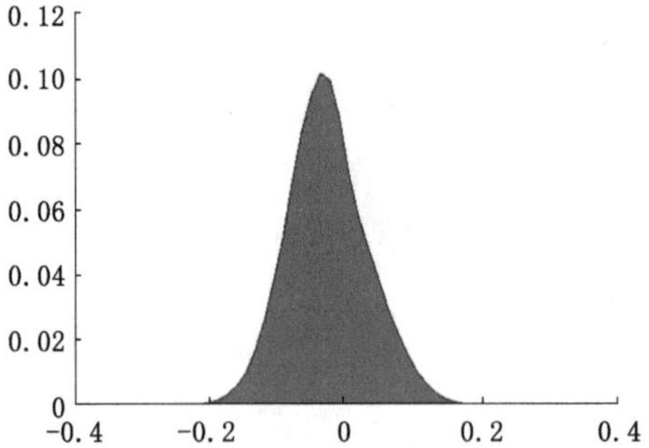

图 3-4　$\sigma=0.06$ 的 Rician 噪声的概率密度分布

下面的数值实验中，网格尺寸均为 $h=1$，停机准则均为

$$\frac{\|\ u^{k+1}-u^k\ \|_2}{\|\ f\ \|_2}<1\mathrm{E}-4 \tag{3-121}$$

为了监督迭代过程的收敛性，我们检验如下相对残差[60]：

$$R^k = \frac{\| p^k - \nabla u^k \|_{L^1}}{|\Omega|} \tag{3-122}$$

拉格朗日乘子λ^k的相对误差为：

$$L^k = \frac{\| \lambda^k - \lambda^{k-1} \|_{L^1}}{\| \lambda^{k-1} \|_{L^1}} \tag{3-123}$$

解u^k的相对误差为：

$$\frac{\| u^k - u^{k-1} \|_{L^1}}{\| u^{k-1} \|_{L^1}} \tag{3-124}$$

其中，$\| \cdot \|_{L^1}$ 是Ω上的L^1范数，$|\Omega|$ 是区域的面积，k 是迭代次数。而且，为了更清晰地展示结果，数值实验图像中的上述结果都是对数尺度下的。

图像质量的评价指标有信噪比 SNR，峰值信噪比 $PSNR$，平均绝对误差 MAE，定义如下：

$$SNR = 10 \log_{10} \frac{\sum_{\Omega} (u - \bar{u})^2}{\sum_{\Omega} ((u - u_0) - \overline{(u - u_0)})^2} \tag{3-125}$$

$$PSNR = 10 \log_{10} \frac{255^2 \times M \times N}{\sum_{(x,y)\in\Omega} |u - u_0|^2} \tag{3-126}$$

$$MAE = \frac{\sum_{\Omega} |u - u_0|}{\sum_{\Omega} |u_0|} \tag{3-127}$$

式中，u_0 为初始的图像；u 为被恢复的干净的图像；$\bar{u}$ 为信号 u 的均值；M,N 为图像的维数。

为了方便比较，ALM 和 Split Bregman 方法代表子问题中采用传统的有限差分格式求解偏微分方程，而 ALM-TFPM 代表子问题中采用量身定做有限点方法求解偏微分方程。

3.5.1　算例 1

首先，我们考虑一幅白黑条状相间的合成图像“Strips”，如图 3-5 所示。第一行是初始干净的图像和被方差 $\sigma=0.08$ 的 Rician 噪声污染的图像；第二行为分别采用 ALM-TFPM，ALM 和 Split Bregman 方法修复的图像；第三行为与第二行相对应的残留图像 $u-f+128$。在这些数值实验中，我们选取参数 $\lambda=6$，$\nu=5$。从三幅残留图像中可以看出，采用 ALM-TFPM 方法比采用 ALM 和 Split Bregman 方法残留更少的信号信息，特别是沿着白黑分离的边界，表明 TFPM 可以保留住信号中剧烈跳的信息。该优势主要取决于 TFPM 算法的特征。选取基函数进行插值，这些基函数一般为对应算子的通解或者特征函数，而不是传统的多项式。由数值实验也可看出 ALM 和 Split Bregman 得到相似的数值结果。

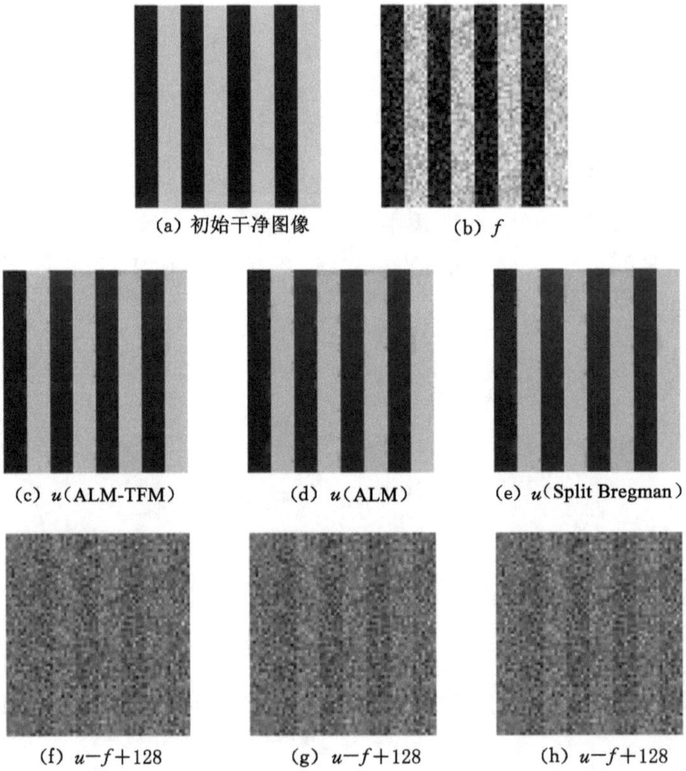

(a) 初始干净图像　(b) f

(c) u(ALM-TFM)　(d) u(ALM)　(e) u(Split Bregman)

(f) $u-f+128$　(g) $u-f+128$　(h) $u-f+128$

图 3-5　含有噪声为 $\sigma=0.08$ 的图像“Strips”的去噪结果

为了进一步对比由 ALM，Split Bregman 和本书提出的 ALM-TFPM 得到的数值结果，我们展示了干净图像、噪声图像和分别采用三种方法恢复的图像的同一位置的切片图，见图 3-6(a)。由切片图可见，三幅恢复的图像都存在颜色对比差的损失，主要是由于全变差项平滑的缘故。还可以看到，ALM-TFPM 比标准的 ALM 和 Split Bregman 方法保留更多的反差。在图 3-6(b)中，展示了采用 ALM-TFPM 和 ALM 恢复的图像之间的差异，差异主要产生在白黑边界处。这也表明了 TFPM 的特点，即它能够更有效地保留图像的边界层/内层，从而可以保留住剧烈跳的信号。

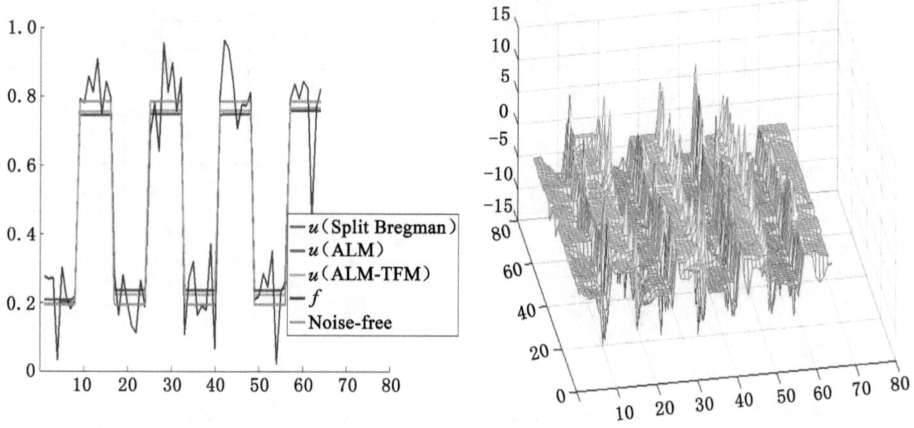

(a)　　(b)

图 3-6　在图像“Strips”的同一位置的切片信号，和分别使用
ALM-TFPM 和 ALM 算法的灰度差

能量随迭代步数的收敛结果和解 u^k 的相对误差随迭代步数的收敛结果如图 3-7所示，图中验证了三种算法的有效性。事实上，仅需 20 步就得到了相对合理、稳定的数值解。

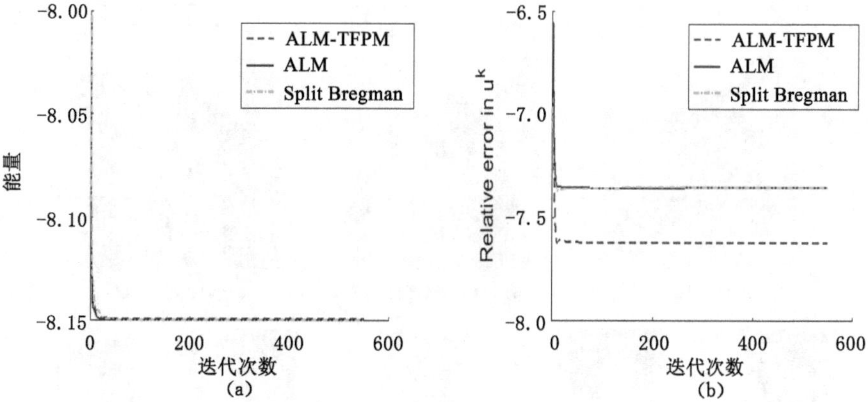

(a)　　(b)

图 3-7　算法 ALM-TFPM，ALM 和 Split Bregman 中的
能量和 u^k 的相对残差随迭代次数的变化情况

表 3-1 分别使用 ALM-TFPM，ALM 和 Split Bregman 算法处理合成图像“Strips”，得到图像的 *SNR*，*PSNR* 和 *MAE* 的结果对比，结果显示，本书提出的算法 ALM-TFPM 在图像质量指标方面有显著提升。

表 3-1　不同算法 *SNR*,*PSNR*,*MAE* 值对比

图像	算法	像素	*SNR*	*PSNR*	*MAE*
Strips	原始含噪图像	64×64	10.985 7	21.379 4	0.139 0
	ALM-TFPM	64×64	18.605 0	30.076 4	0.057 0
	ALM	64×64	15.996 6	27.768 2	0.075 7
	Split Bregman	64×64	15.988 7	27.768 0	0.076 1

3.5.2　算例 2

接下来,我们采用 ALM-TFPM 和 ALM 修复一幅真实图像“Cameraman”。首先,我们只添加方差 $\sigma=0.06$ 的 Rician 噪音,比较两种方法的结果。如图 3-8 所示,第一行从左到右依次为被 Rician 噪声污染的降质图像 f 和分别采用 ALM-TFPM 和 ALM 修复的图像 u。第二行是放大后的部分图像(原始噪声图像中红色矩形内部的部分),依次为干净的没有噪声的部分图像、采用 ALM-TFPM 和 ALM 修复的图像及对应的残留图像 $u-f+128$。两幅修复的图像视觉上差别不是很明显,但当被放大后可以看出三脚架部分信号的差别。主要特征有:① 两种算法都拿掉了三脚架部分的噪声;② ALM-TFPM 比 ALM 算法保留了更多的边缘信息,特别是三脚架腿部的信号。正如前面所述:第一种现象

(a) f　(b) u(ALM-TFPM)　(c) u(ALM-FD)

(d) Noise-free　(e) u(ALM-TFPM)　(f) $u-f+128$　(g) u(ALM-FD)　(h) $u-f+128$

图 3-8　含有噪声为 $\sigma=0.06$ 的图像“Cameraman”的去噪结果

是由于 Rician 去噪模型中的全变差平滑作用;第二种现象是由于在三脚架腿部图像强度有剧烈的跳,与传统的差分格式相比 TFPM 能够保留更多的跳跃的信号。表 3-2比较了信噪比 *SNR*、峰值信噪比 *PSNR* 和平均绝对误差 *MAE* 的值,可以看出,本书的算法 ALM-TFPM 显著提高了恢复图像的质量。

表 3-2　不同算法 *SNR*,*PSNR*,*MAE* 值对比

图像	算法	像素	*SNR*	*PSNR*	*MAE*
Cameraman	原始含噪图像	256×256	11.152 4	23.393 5	0.116 1
	ALM-TFPM	256×256	15.191 5	27.730 4	0.066 3
	ALM	256×256	14.980 3	27.562 4	0.067 3
	GDM	256×256	14.628 8	27.248 6	0.069 0

为了检验两种方法的收敛性,我们给出了相对残差随迭代次数的变化[式(3-122)],拉格朗日乘子的相对误差随迭代次数的变化[式(3-123)],解 u^k 的相对误差随迭代次数的变化[式(3-124)]和能量 $E(u^k)$ 随迭代次数的变化,如图 3-9 所示。这些图像表明迭代过程的收敛性,增广拉格朗日泛函的鞍点和 Rician 去噪模型的极小值点能够取得。

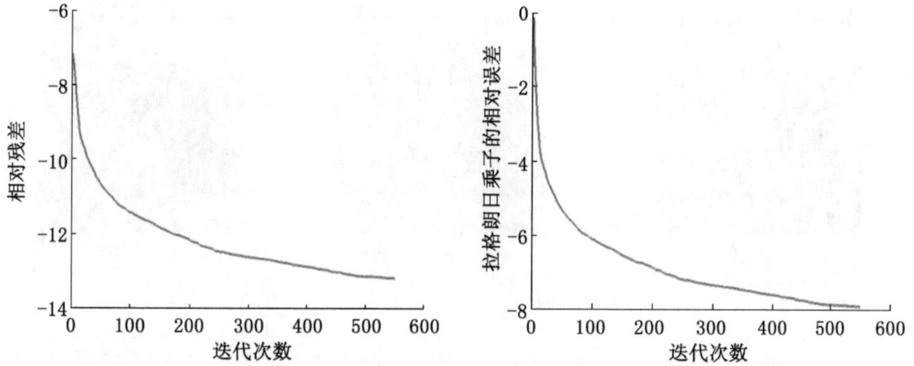

(a) 使用ALM-TFOM处理图像“Cameraman”得到的相对残差[式(3-122)]随迭代次数的变化情况

(b) 拉格朗日乘子的相对误差[式(3-123)]随迭代次数的变化情况

图 3-9

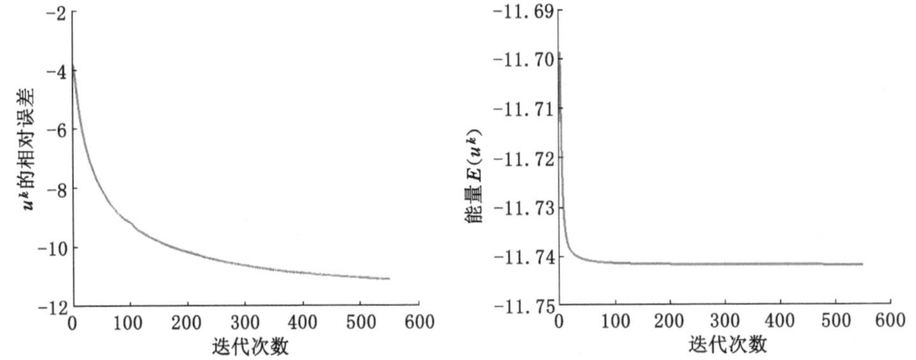

(c) u^k的相对误差[式(3-124)]
随迭代次数的变化情况

(d) 能量$E(u^k)$随迭代次数的变化情况

图 3-9(续)

然后,我们对比了 ALM-TFPM 和梯度流方法(GDM)分别用于修复被方差 $\sigma=0.06$ 的 Rician 噪声污染的图像"Cameraman"的数值结果,旨在进一步论证算法 ALM 的有效性。由于两种算法中都用到了 TFPM,因此恢复图像中没有突出的差异,如图 3-10 所示。两种方法的参数选取均为 $\lambda=15,\sigma=0.06$。算法 ALM-TFPM 中的额外参数 $\gamma=0.5$,GDM 的时间步长 $\tau=6\times10^{-4}$。然而,由

(a) f　　(b) u(ALM-TFPM)　　(c) u(GDM)

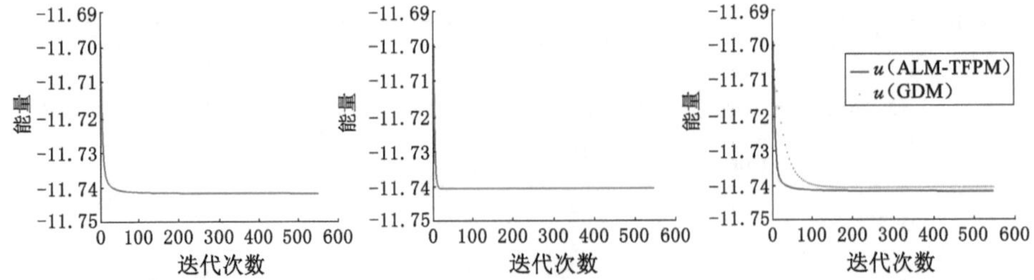

(d)　　(e)　　(f)

图 3-10　含有噪声为 $\sigma=0.06$ 的图像"Cameraman"的去噪结果对比及其能量变化趋势

图 3-10可见，即便十倍的迭代次数下和能量稳定后采用 GDM 的能量依然没有采用 ALM-TFPM 的能量下降得更低，表明 ALM 算法更有效。此外，由表 3-2 可知，采用 ALM-TFPM 修复的图像比采用 GDM 修复的图像的 *SNR* 和 *PSNR* 更高，即修复的图像的质量更好。

3.5.3　算例 3

我们以算法 ALM-TFPM 作用于另外一个真实的图像“Peppers”，并将它与传统的 ALM 算法(采用传统差分格式求解子问题中的偏微分方程)修复的图像进行对比。修复的图像结果如图 3-11 所示，图像质量指标见表 3-3，显示了采用 ALM-TFPM 修复的图像的质量有显著提高。

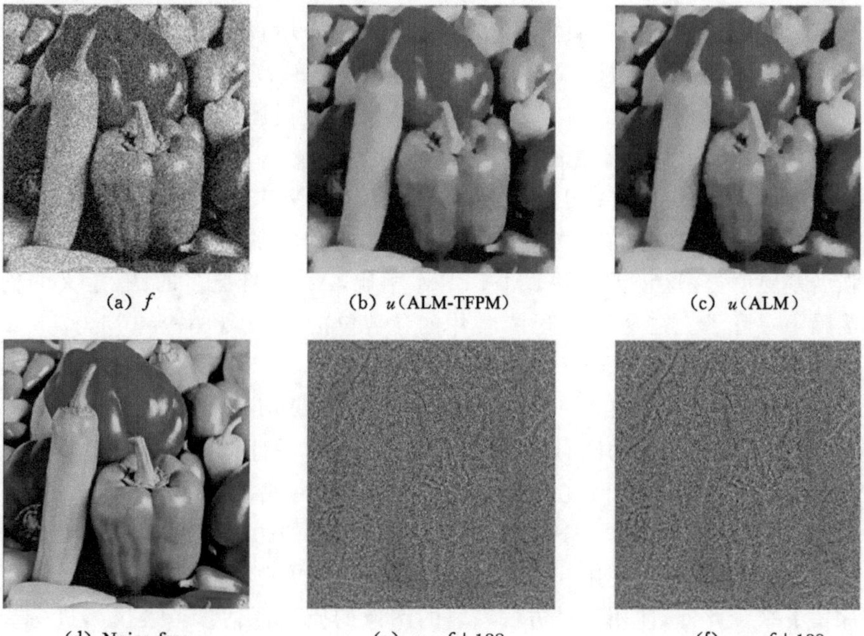

(a) f　(b) u(ALM-TFPM)　(c) u(ALM)

(d) Noise-free　(e) $u-f+128$　(f) $u-f+128$

图 3-11　含有噪声为 $\sigma=0.12$ 的图像“Peppers”的去噪结果

表 3-3 分别使用 ALM-TFPM，ALM 和 GDM 算法处理图像“Peppers”，得到图像的 *SNR*，*PSNR* 和 *MAE* 的结果对比。

表 3-3　不同算法 *SNR*,*PSNR*,*MAE* 值对比

图像	算法	像素	*SNR*	*PSNR*	*MAE*
Peppers	原始含噪图像	256×256	5.289 1	18.099 1	0.213 5
	ALM-TFPM	256×256	12.895 8	27.096 3	0.067 0
	ALM	256×256	12.738 9	26.984 9	0.067 5
	GDM	256×256	12.507 4	26.864 8	0.068 4

3.5.4　算例 4

我们考虑被 Rician 噪声和 Gaussian 模糊污染的真实图像“T1-MRI”。我们测试了两组图像,含有相同的 Rician 噪声($\sigma=0.08$)和不同的 Gaussian 模糊:标准差分别是 0.6 和 1.5 体元。图 3-12(a)～(c)列出了被方差 $\sigma=0.08$ 的 Rician噪声破坏,并且被标准偏差为 0.6 体元的高斯模糊所污染的图像“T1-MRI”,和分别使用 ALM-TFPM 和 ALM 恢复的图像。图 3-12(d)～(f)为图 3-12(a)～(c)中相同位置的放大部分。图 3-12(g)～(i)为两种方法的残差图像 $u-f+128$。由图 3-12 可以看出,通过使用 ALM 获得的残差图像呈现出更多的信号,特别是在分隔白色和黑色区域的边界附近的信号比使用 ALM 的信号强度差更明显,这说明与 ALM-TFPM 相比,ALM 将更多的、有意义的信号作为噪声去除了。在这些实验中,使用的参数包括 $\sigma=0.08$,$\tau=0.1$,$\gamma_1=0.5$,$\gamma_2=1$ 和 $\lambda=30$。在图 3-13 中,使用的参数包括 $\sigma=0.08$,$\tau=0.1$,$\gamma_1=0.5$,$\gamma_2=5$,$\lambda=100$。与标准的 ALM 相比较,ALM-TFPM 算法得到了较为合理的结果,即在噪声被消除的同时,模糊效果也被去除。然而,如果将白色和黑色区域过渡的具有尖锐强度梯度的部分进行放大,可由残差图像 $u-f+128$ 显示出,与我们提出的 ALM-TFPM 相比 ALM 将更多的边缘信号扫描为噪声去除了。这再次说明,通过使用 TFPM 技术,边界信息或强度的尖锐跳跃可以更好地保留下来。此外,使用两种方法恢复的图像的质量评估参考表 3-4,进一步验证了 TFPM 的优势。

表 3-4 分别使用 ALM-TFPM 和 ALM 算法处理图像“T1-MRI”, 得到的图像的 *SNR*,*PSNR* 和 *MAE* 的结果对比。

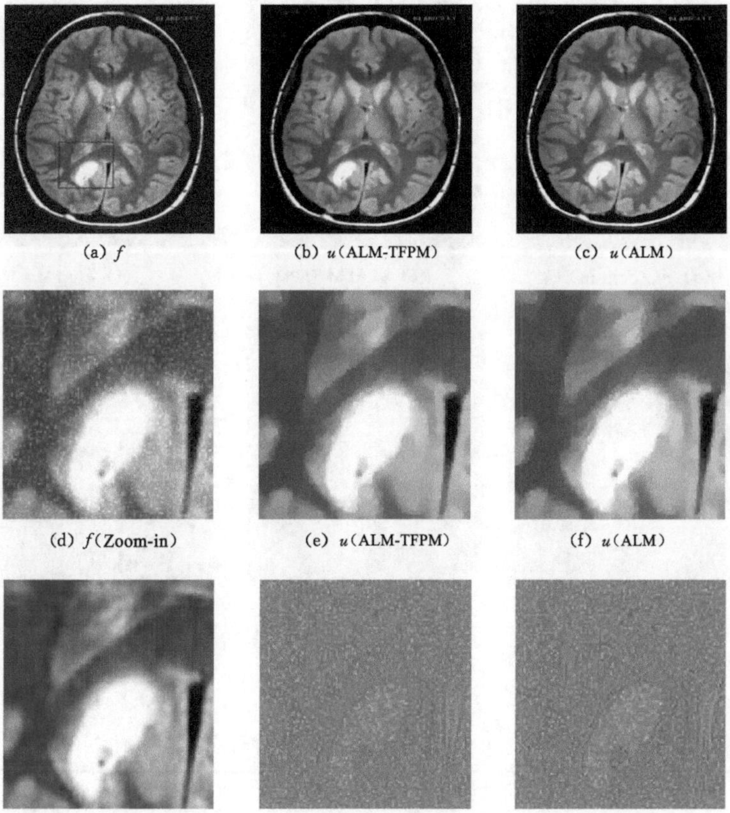

(a) f　(b) u(ALM-TFPM)　(c) u(ALM)

(d) f(Zoom-in)　(e) u(ALM-TFPM)　(f) u(ALM)

(g) Noise-free(Zoom-in)　(h) $u-f+128$　(i) $u-f+128$

图 3-12　含有 $\sigma=0.08$ 的噪声和标准差为 0.6 的 Gaussian 模糊的图像“T1-MRI”的修复结果

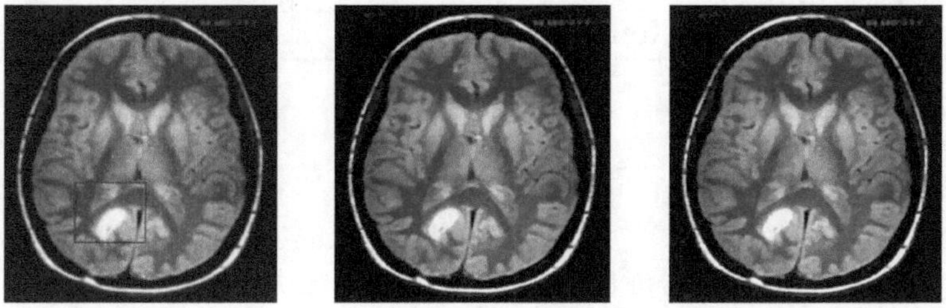

(a) f　(b) u(ALM-TFPM)　(c) u(ALM)

图 3-13　含有 $\sigma=0.08$ 的噪声和标准差为 1.5 的 Gaussian 模糊的图像“T1-MRI”的修复结果

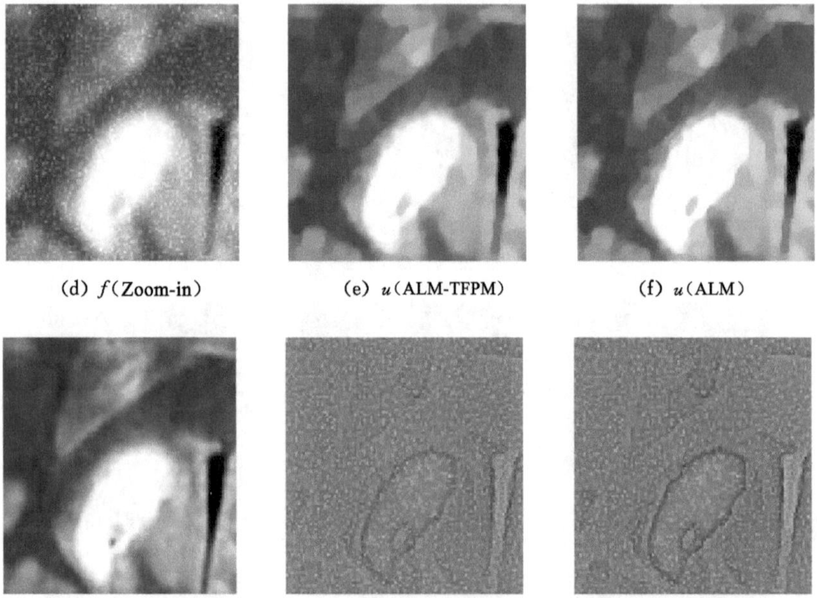

(d) f(Zoom-in)　(e) u(ALM-TFPM)　(f) u(ALM)

(g) Noise-free(Zoom-in)　(h) $u-f+128$　(i) $u-f+128$

图 3-13(续)

表 3-4　不同算法 *SNR*,*PSNR*,*MAE* 值对比

图像	算法	像素	*SNR*	*PSNR*	*MAE*
T1-MRI 标准差=0.6	原始含噪图像	383×500	12.193 2	21.930 8	0.231 4
	ALM-TFPM	383×500	18.471 1	28.710 0	0.110 4
	ALM	383×500	17.417 4	27.280 9	0.130 1
T1-MRI 标准差=1.5	原始含噪图像	383×500	10.219 8	21.106 4	0.259 0
	ALM-TFPM	383×500	16.198 5	27.261 0	0.123 3
	ALM	383×500	15.610 3	25.882 6	0.149 3

3.5.5　算例 5

图 3-14 中,我们考虑了另一个真实图像"Fingerprint",它被 Rician 噪声($\sigma=0.08$)破坏,并且也被高斯模糊(标准差为 4 体元)。选取的参数 $\sigma,\tau,\gamma_1,\gamma_2$ 与算例"T1-MRI"中相同(参见图 3-12、3-13),而 $\lambda=4E4$。表 3-5 为 ALM-TFPM 和 ALM 恢复的图像质量指标的结果,再次验证了通过使用 TFPM 可以提高恢复图像的质量。

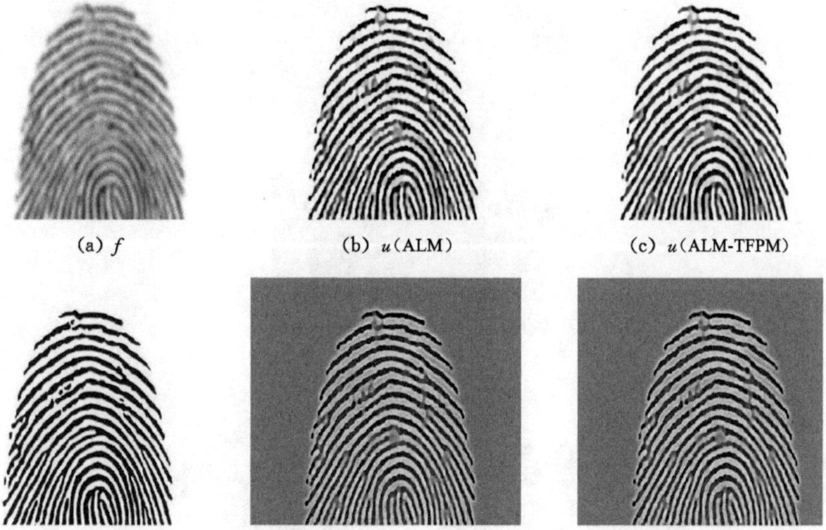

(a) f　(b) u(ALM)　(c) u(ALM-TFPM)

(d) Noise-free　(e) $u-f+128$　(f) $u-f+128$

图 3-14　含有 $\sigma=0.08$ 的噪声和标准差为 4 的 Gaussian 模糊的图像“Fingerprint”的修复结果

表 3-5　不同算法 *SNR*,*PSNR*,*MAE* 值对比

图像	算法	像素	*SNR*	*PSNR*	*MAE*
Fingerprint 标准差=4	原始含噪图像	312×625	0.093 7	12.198 0	0.214 8
	ALM-TFPM	312×625	8.251 8	17.894 8	0.066 2
	0.070 8	ALM	312×625	7.434 1	16.895 3

3.5.6　算例 6

在图 3-15 中,我们考虑了一个真实的灰度图像“Cameraman”,它被 Gaussian 噪声($\sigma=0.02$)破坏,选取的参数为:$\lambda=8E2$,$r_1=40$,$r_2=40$,$r_3=1E5$,$r_4=1.5E5$。通过比较 MC 模型(结合 ALM-TFPM 算法)与 TV 模型(结合 ALM-TFPM 算法)恢复的图像去噪的结果和残差图像显示可以明显看出通过使用 MC 模型和 ALM-TFPM 算法可以提高恢复图像的质量。

(a) 含有高斯噪声的图像"Cameraman"

(b1) 使用TV模型得到的图像

(b2) 使用MC模型得到的图像

(c1) 使用TV模型得到的残差图像

(c2) 使用MC模型得到的残差图像

图 3-15 算例 6 示意图

3.6 本章小结

本章提出了一种改进的增广拉格朗日方法,该方法采用量身定做的有限点方法(TFPM)来求解由 Getreuer 等提出的 Rician 去噪模型[1]中得到的偏微分方程。本章还提出了一种基于平均曲率正则化的图像去噪模型，数值算法依然采用增广拉格朗日方法（ALM）和定制有限点方法（TFPM）相结合的新算法。TFPM 具有容易保持边界层/内层结构的优点，因此比传统数值格式更有助于保留明显的图像强度跳跃信息。此外，由于 TFPM 选取能够反映问题局部结构的特殊基函数进行插值求解，因而能够实现快速收敛。多组实验结果也表明，所提出的新方法可以更有效地提高恢复图像的质量。因此算法 ALM-TFPM 达到了我们的预期：一是，能够在去噪的同时有效保留图像的边缘信息；二是，计算速度更快，在较少的迭代步数下收敛。

第4章 基于 Cahn-Hilliard 方程的图像分割

4.1 修正的 Cahn-Hilliard 模型

4.1.1 变分法简介

使用变分法的目的是寻求使得对应能量泛函取极大或极小值的极值函数，即欧拉-拉格朗日方程（E-L 方程）。E-L 方程的解是对应的能量泛函的临界点（必要条件而非充分条件），即当泛函有极值时，E-L 方程成立。假设泛函 $F:\boldsymbol{X}\to\Re$，其中 $\boldsymbol{X}$ 为具有特定性质（如光滑性、连续性）的函数集合。比如若 $\boldsymbol{X}$ 为 Hilbert 空间，则其满足以下性质：

- 对加法封闭，若 $\boldsymbol{x}\in\boldsymbol{X},\boldsymbol{y}\in\boldsymbol{X}$，则 $\boldsymbol{x}+\boldsymbol{y}\in\boldsymbol{X}$；
- 对数量乘法封闭，若 $a\in\Re,\boldsymbol{x}\in\boldsymbol{X}$，则 $a\boldsymbol{x}\in\boldsymbol{X}$；
- 内积为 $\langle\boldsymbol{x},\boldsymbol{y}\rangle\in\Re$，且满足交换律、结合律和保正性：

$$\langle\boldsymbol{x},\boldsymbol{y}\rangle=\langle\boldsymbol{y},\boldsymbol{x}\rangle,\langle a\boldsymbol{x}+b\boldsymbol{y},\boldsymbol{z}\rangle=a\langle\boldsymbol{x},\boldsymbol{z}\rangle+b\langle\boldsymbol{y},\boldsymbol{z}\rangle,\langle\boldsymbol{x},\boldsymbol{x}\rangle\geqslant 0 \tag{4-1}$$

- 空间范数为 $\|\boldsymbol{x}\|=\langle\boldsymbol{x},\boldsymbol{x}\rangle^{1/2}$，且 $\|\boldsymbol{x}\|=0$ 等价于 $\boldsymbol{x}=0$。

记

$$F'(\boldsymbol{x};\boldsymbol{v})=\lim_{\lambda\to 0^+}\frac{F(\boldsymbol{x}+\lambda\boldsymbol{v})-F(\boldsymbol{x})}{\lambda}=\frac{\mathrm{d}}{\mathrm{d}\lambda}F(\boldsymbol{x}+\lambda\boldsymbol{v})\big|_{\lambda=0} \tag{4-2}$$

若上述极限存在，则称为 F 在 $\boldsymbol{x}$ 处关于方向 $\boldsymbol{v}$ 的方向导数。若 $F'(\boldsymbol{x};\boldsymbol{v})$ 关于 $\boldsymbol{v}$ 是有界线性的，则称 F 是 Gateaux 可微的。又 $F'(\boldsymbol{x};\boldsymbol{v})$ 是 Hilbert 空间上的线性泛函，故存在向量 $\boldsymbol{u}\in\boldsymbol{X}$，使得 $F'(\boldsymbol{x};\boldsymbol{v})=\langle\boldsymbol{u},\boldsymbol{v}\rangle$，其中 $\boldsymbol{u}$ 被称为 F 的 Gateaux 导数，简记为 $\boldsymbol{u}=F'(\boldsymbol{x})$。若 $\boldsymbol{x}^*$ 为泛函 $F(\boldsymbol{x})$ 的极小值点，则对任给的 $\boldsymbol{v}\in\boldsymbol{X}$，有 $F'(\boldsymbol{x}^*;\boldsymbol{v})=0$，即得到 E-L 方程为 $F'(\boldsymbol{x}^*)=0$。

考虑一般的能量泛函

$$F(u)=\int_\Omega L(\boldsymbol{x},u(\boldsymbol{x}),\nabla u(\boldsymbol{x}))\mathrm{d}x \tag{4-3}$$

其中，泛函 $L(\boldsymbol{x},u,\boldsymbol{w})$ 中的参数的形式为：

$$\boldsymbol{x}=(x_1,x_2,\cdots,x_n)\in\Omega;u\in\Re;\boldsymbol{w}=(w_1,w_2,\cdots,w_n)\in\Re^n \tag{4-4}$$

$$\begin{aligned}\frac{\mathrm{d}}{\mathrm{d}\lambda}F(u+\lambda\varphi)&=\frac{\mathrm{d}}{\mathrm{d}\lambda}\int L(\boldsymbol{x},u+\lambda\varphi,\nabla u+\lambda\nabla\varphi)\mathrm{d}x\\&=\int\frac{\mathrm{d}}{\mathrm{d}\lambda}L(\boldsymbol{x},u+\lambda\varphi,\nabla u+\lambda\nabla\varphi)\mathrm{d}x\\&=\int\frac{\partial L}{\partial u}(\boldsymbol{x},u+\lambda\varphi,\nabla u+\lambda\nabla\varphi)\varphi\mathrm{d}x+\\&\quad\int\sum_{i=1}^{n}\frac{\partial L}{\partial w_i}(\boldsymbol{x},u+\lambda\varphi,\nabla u+\lambda\nabla\varphi)\frac{\partial\varphi}{\partial x_i}\mathrm{d}x\end{aligned} \tag{4-5}$$

令 $\lambda=0$，有

$$\begin{aligned}\frac{\mathrm{d}}{\mathrm{d}\lambda}F(u+\lambda\varphi)\big|_{\lambda=0}&=\int\frac{\partial L}{\partial u}(\boldsymbol{x},u,\nabla u)\varphi\mathrm{d}x+\int\sum_{i=1}^{n}\frac{\partial L}{\partial w_i}(\boldsymbol{x},u,\nabla u)\frac{\partial\varphi}{\partial x_i}\mathrm{d}x\\&=\int\frac{\partial L}{\partial u}(\boldsymbol{x},u,\nabla u)\varphi\mathrm{d}x-\int\sum_{i=1}^{n}\frac{\partial}{\partial x_i}\left(\frac{\partial L}{\partial w_i}(\boldsymbol{x},u,\nabla u)\right)\varphi\mathrm{d}x\\&=\int\left(\frac{\partial L}{\partial u}(\boldsymbol{x},u,\nabla u)-\sum_{i=1}^{n}\frac{\partial}{\partial x_i}\left(\frac{\partial L}{\partial w_i}(\boldsymbol{x},u,\nabla u)\right)\right)\varphi\mathrm{d}x\end{aligned} \tag{4-6}$$

则 $F(u)$ 的 Gateaux 导数为：

$$F'(u)=\frac{\partial L}{\partial u}(\boldsymbol{x},u,\nabla u)-\sum\nolimits_{i=1}^{n}\frac{\partial}{\partial x_i}\left(\frac{\partial L}{\partial w_i}(\boldsymbol{x},u,\nabla u)\right) \tag{4-7}$$

其中用到了分部积分引理，即对任给的 $\varphi\in C_c^{\infty}(\Omega)$，有：

$$\int f(x)\frac{\partial\varphi}{\partial x_i}(x)\mathrm{d}x=-\int\frac{\partial f}{\partial x_i}(x)\varphi(x)\mathrm{d}x \tag{4-8}$$

4.1.2　Cahn-Hilliard 方程的回顾

Cahn-Hilliard 方程在 1958 年最初由 Cahn 和 Hilliard[30] 提出，描述了包含两种物质的混合物在淬火到一种不稳定状态时所发生的分离现象。由于 Cahn-Hilliard 方程在科学与工业等方面有重要的应用价值，如在研究固体表面微滴的扩散及生物种群之间的排斥和竞争等现象中提出了相应的修正 Cahn-Hilliard 模型，备受学者们的关注。20 世纪 80 年代以后学者们开始系统地研究 Cahn-Hilliard 方程，给出了关于 Cahn-Hilliard 方程的数学理论，如解的适定性(存在性、唯一性和正则性)等。

Cahn-Hilliard 方程是广义 Ginzberg-Landau 自由能量泛函在 H^{-1} 范数下的梯度流。1983 年，van der Waals 首次提出广义 Ginzberg-Landau 自由能量泛函，准确描述了两种物质的混合能量：

$$E(u)=\int_{\Omega}\frac{\epsilon^2}{2}|\nabla u|^2+W(u)\mathrm{d}x \tag{4-9}$$

其中，u 表示其中一种物质的浓度，另一种物质的浓度为 $1-u$；$W(u)$ 是双势阱函数 $W(u)=u^2(1-u)^2$ 或者 Lyapunov 泛函 $W(u)=\frac{1}{4}(u^2-1)^2$，参数 ϵ 控制两种金属的交界面。Cahn-Hilliard 方程具有两个重要性质：① 能量随时间消逝耗散，$\frac{\mathrm{d}}{\mathrm{d}t}E(u)\leqslant 0$；② 质量守恒，对任给的 $t\in(0,T]$，都有 $\int_\Omega u\mathrm{d}x=\int_\Omega u_0\mathrm{d}x$。其代表的物理意义分别是热力学原理，混合物的自由能量随时间呈衰减趋势；在 Neumann 条件或周期条件下，物质与容器壁之间不存在相互作用，质量守恒。空间 H^{-1} 是 H^1 的零均值对偶子空间，即对任给的 $\nu\in H^{-1}$ 有 $\int_\Omega \nu(x)\mathrm{d}x=0$，当且仅当 $\nu=\Delta\varphi,\int_\Omega\varphi\mathrm{d}x=0$ 时成立。定义 H^{-1} 上的内积

$$\langle v_1,v_2\rangle_{H^{-1}}=\langle\nabla\varphi_1,\nabla\varphi_2\rangle_{L^2}\tag{4-10}$$

其中，$\nu_1=\Delta\varphi_1,\nu_2=\Delta\varphi_2$。又 $E(u)$ 的 Gateaux 导数为：

$$E'(u)=-\epsilon^2\Delta u+W'(u)\tag{4-11}$$

从而

$$\begin{aligned}\frac{\partial}{\partial\lambda}E(u+\lambda\nu)|_{\lambda=0}&=\int_\Omega(-\epsilon^2\Delta u+W'(u))\Delta\varphi\mathrm{d}x\\&=\int_\Omega-\nabla(-\epsilon^2\Delta u+W'(u))\nabla\varphi\mathrm{d}x\\&=\langle-\nabla(-\epsilon^2\Delta u+W'(u)),\nabla\varphi\rangle_{L^2}\\&=\langle-\Delta(-\epsilon^2\Delta u+W'(u)),\Delta\varphi\rangle_{H^{-1}}\\&=\langle-\Delta(-\epsilon^2\Delta u+W'(u)),v\rangle_{H^{-1}}\end{aligned}\tag{4-12}$$

即 $\nabla_{H^{-1}}E(u)=-\Delta(-\epsilon^2\Delta u+W'(u))$。根据 E 在 u 处关于方向 ν 的方向导数为 $\langle\nabla_{H^{-1}}E(u),\nu\rangle_{H^{-1}}$，显然可得沿着方向 $\nu=-\nabla_{H^{-1}}E(u)$，方向导数 $\langle\nabla_{H^{-1}}E(u),\nu\rangle_{H^{-1}}$ 是负的，且 $|\langle\nabla_{H^{-1}}E(u),\nu\rangle_{H^{-1}}|$ 最大，称此方向为最速下降方向，因此梯度流（最速下降流）为

$$\frac{\partial u}{\partial t}=-\nabla_{H^{-1}}E(u)=-\Delta(\epsilon^2\Delta u-W'(u))\tag{4-13}$$

4.1.3 修正的 Cahn-Hilliard 模型

假设 f 为给定的初始图像，u 为对应的分割后的图像。我们采用如下修正的 Cahn-Hilliard 方程进行图像分割：

$$u_t=-\Delta(\epsilon_1\Delta u-\frac{1}{\epsilon_2}W'(u))-[\lambda_1(f-c_1)^2-\lambda_2(f-c_2)^2]\frac{\epsilon_3}{\pi\left[\epsilon_3^2+\left(u-\frac{1}{2}\right)^2\right]}\tag{4-14}$$

其中，$\epsilon_1,\epsilon_2,\epsilon_3,\lambda_1,\lambda_2>0$；$u$ 满足 $\frac{\partial u}{\partial n}=\frac{\partial \Delta u}{\partial n}=0$ 在 $\partial\Omega$ 上，双势阱函数 $W(u)=u^2(u-1)^2$；c_1,c_2 是可以使用某种策略分配的两个常量。例如，当图像 f 的值域为[0,1]时，可以令 $c_1=1,c_2=0$，然后求方程(4-14)的稳态解，按如下公式更新c_1,c_2：

$$c_1=\frac{\int_\Omega\left[\frac{1}{2}+\frac{1}{\pi}\arctan\left(\frac{u-\frac{1}{2}}{\epsilon_3}\right)\right]f\mathrm{d}x}{\int_\Omega\left[\frac{1}{2}+\frac{1}{\pi}\arctan\left(\frac{u-\frac{1}{2}}{\epsilon_3}\right)\right]\mathrm{d}x} \tag{4-15}$$

$$c_2=\frac{\int_\Omega\left[\frac{1}{2}-\frac{1}{\pi}\arctan\left(\frac{u-\frac{1}{2}}{\epsilon_3}\right)\right]f\mathrm{d}x}{\int_\Omega\left[\frac{1}{2}-\frac{1}{\pi}\arctan\left(\frac{u-\frac{1}{2}}{\epsilon_3}\right)\right]\mathrm{d}x} \tag{4-16}$$

得到新的 c_1,c_2 后重新求解方程(4-14)的稳态解，依次进行下去直到c_1,c_2 收敛。

方程(4-14)并不是某一个能量的梯度流。事实上，方程(4-14)右边的第一项是能量 $E_1(u)$在范数$\bar{H}^{-1}$ 下的梯度流：

$$E_1(u)=\int_\Omega\left(\frac{\epsilon_1}{2}|\nabla u|^2+\frac{1}{\epsilon_2}W(u)\right)\mathrm{d}x \tag{4-17}$$

满足

$$\frac{\mathrm{d}}{\mathrm{d}t}E_1(u)=\frac{\mathrm{d}}{\mathrm{d}t}\int_\Omega\left(\frac{\epsilon}{2}|\nabla u|^2+\frac{1}{\epsilon}W(u)\right)\mathrm{d}x=-\int_\Omega|\nabla w|^2\mathrm{d}x\leqslant 0 \tag{4-18}$$

其中，$w=-\epsilon\Delta u+\frac{1}{\epsilon}W'(u)$。

方程(4-14)右边的第二项是如下能量 $E_2(u)$在范数L^2 下的梯度流：

$$\begin{aligned}E_2(u)=&\lambda_1\int_\Omega(f-c_1)^2\left[\frac{1}{2}+\frac{1}{\pi}\arctan\left(\frac{u-\frac{1}{2}}{\epsilon_3}\right)\right]\mathrm{d}x+\\&\lambda_2\int_\Omega(f-c_2)^2\left[\frac{1}{2}-\frac{1}{\pi}\arctan\left(\frac{u-\frac{1}{2}}{\epsilon_3}\right)\right]\mathrm{d}x\end{aligned} \tag{4-19}$$

然而，方程(4-14)既不是 $E_1(u)+E_2(u)$在范数$\bar{H}^{-1}$ 下的梯度流也不是其在范数L^2 下的梯度流。

对于彩色图像，f 由三层二维矩阵构成，c_1和c_2 为由三个元素构成的向量。因此

$(f-c_1)^2$ 等价于$(f(1)-c_1(1))^2+(f(2)-c_1(2))^2+(f(3)-c_1(3))^2$，$(f-c_2)^2$ 等价于$(f(1)-c_2(1))^2+(f(2)-c_2(2))^2+(f(3)-c_2(3))^2$。

$$\begin{cases} c_1(i)=\dfrac{\int_\Omega\left[\dfrac{1}{2}+\dfrac{1}{\pi}\arctan\left(\dfrac{u-\frac{1}{2}}{\epsilon_3}\right)\right]f(i)\mathrm{d}x}{\int_\Omega\left[\dfrac{1}{2}+\dfrac{1}{\pi}\arctan\left(\dfrac{u-\frac{1}{2}}{\epsilon_3}\right)\right]\mathrm{d}x} \\ c_2(i)=\dfrac{\int_\Omega\left[\dfrac{1}{2}-\dfrac{1}{\pi}\arctan\left(\dfrac{u-\frac{1}{2}}{\epsilon_3}\right)\right]f(i)\mathrm{d}x}{\int_\Omega\left[\dfrac{1}{2}-\dfrac{1}{\pi}\arctan\left(\dfrac{u-\frac{1}{2}}{\epsilon_3}\right)\right]\mathrm{d}x} \end{cases} \tag{4-20}$$

其中，$i=1,2,3$。

分别定义 Heaviside 函数 H 和一维 Dirac 测度δ_0：

$$H(z)=\begin{cases}1, & z\geqslant 0\\ 0, & z<0\end{cases} \tag{4-21}$$

$$\delta_0(z)=\frac{\mathrm{d}}{\mathrm{d}z}H(z) \tag{4-22}$$

采用$\boldsymbol{C}^\infty(\bar{\Omega})$ 正则化 H：

$$H_{\epsilon_3}=\frac{1}{2}\left[1+\frac{2}{\pi}\arctan\left(\frac{z}{\epsilon_3}\right)\right] \tag{4-23}$$

其中，$\delta_{\epsilon_3}=H'_{\epsilon_3}$。当 $\epsilon_3\to 0$ 时分别近似收敛到 H 和δ_0。此时方程(4-14) 可简化为下面的极小化问题：

$$\min_u\{E(u;c_1,c_2):=\int_\Omega\left(\frac{\epsilon_1}{2}|\nabla u|^2+\frac{1}{\epsilon_2}W(u)\right)\mathrm{d}x+ \\ \lambda_1\int_{\{u\geqslant\frac{1}{2}\}}(f-c_1)^2\mathrm{d}x+\lambda_2\int_{\{u<\frac{1}{2}\}}(f-c_2)^2\mathrm{d}x\} \tag{4-24}$$

我们也可以得到多相流分割算法，以二相流为例(将图像分成四个部分)。为了更清晰地阐述，将二相流下的能量$E_2(u)$改写成：

$$E_2(u)=\int_\Omega(f-c_{11})^2\,H_{\epsilon_3}\left(u_1-\frac{1}{2}\right)H_{\epsilon_3}\left(u_2-\frac{1}{2}\right)\mathrm{d}x+ \\ \int_\Omega(f-c_{10})^2\,H_{\epsilon_3}\left(u_1-\frac{1}{2}\right)\left[1-H_{\epsilon_3}\left(u_2-\frac{1}{2}\right)\right]\mathrm{d}x+ \\ \int_\Omega(f-c_{01})^2\left[1-H_{\epsilon_3}\left(u_1-\frac{1}{2}\right)\right]H_{\epsilon_3}\left(u_2-\frac{1}{2}\right)\mathrm{d}x+$$

$$\int_{\Omega}(f-c_{00})^{2}\left[1-H_{\epsilon_3}\left(u_1-\frac{1}{2}\right)\right]\left[1-H_{\epsilon_3}\left(u_2-\frac{1}{2}\right)\right]\mathrm{d}x \tag{4-25}$$

其中，$\boldsymbol{c}=(c_{11},c_{10},c_{01},c_{00})$ 是常向量，$\boldsymbol{u}=(u_1,u_2)$，且

$$c_{11}=\frac{\int_{\Omega}\left[H_{\epsilon_3}\left(u_1-\frac{1}{2}\right)H_{\epsilon_3}\left(u_2-\frac{1}{2}\right)\right]f\mathrm{d}x}{\int_{\Omega}\left[H_{\epsilon_3}\left(u_1-\frac{1}{2}\right)H_{\epsilon_3}\left(u_2-\frac{1}{2}\right)\right]\mathrm{d}x} \tag{4-26}$$

$$c_{10}=\frac{\int_{\Omega}\left[H_{\epsilon_3}\left(u_1-\frac{1}{2}\right)\left(1-H_{\epsilon_3}\left(u_2-\frac{1}{2}\right)\right)\right]f\mathrm{d}x}{\int_{\Omega}\left[H_{\epsilon_3}\left(u_1-\frac{1}{2}\right)\left(1-H_{\epsilon_3}\left(u_2-\frac{1}{2}\right)\right)\right]\mathrm{d}x} \tag{4-27}$$

$$c_{01}=\frac{\int_{\Omega}\left[\left(1-H_{\epsilon_3}\left(u_1-\frac{1}{2}\right)\right)H_{\epsilon_3}\left(u_2-\frac{1}{2}\right)\right]f\mathrm{d}x}{\int_{\Omega}\left[\left(1-H_{\epsilon_3}\left(u_1-\frac{1}{2}\right)\right)H_{\epsilon_3}\left(u_2-\frac{1}{2}\right)\right]\mathrm{d}x} \tag{4-28}$$

$$c_{00}=\frac{\int_{\Omega}\left[\left(1-H_{\epsilon_3}\left(u_1-\frac{1}{2}\right)\right)\left(1-H_{\epsilon_3}\left(u_2-\frac{1}{2}\right)\right)\right]f\mathrm{d}x}{\int_{\Omega}\left[\left(1-H_{\epsilon_3}\left(u_1-\frac{1}{2}\right)\right)\left(1-H_{\epsilon_3}\left(u_2-\frac{1}{2}\right)\right)\right]\mathrm{d}x} \tag{4-29}$$

因此二相流图像分割对应于下列极小化问题：

$$\begin{aligned}\min_{u_1,u_2}\{E(u_1,u_2;c_{11},c_{10},c_{01},c_{00}):=&\int_{\Omega}\left(\frac{\epsilon_1}{2}|\nabla u_1|^2+\frac{1}{\epsilon_2}W(u_1)\right)\mathrm{d}x+\\&\int_{\Omega}\left(\frac{\epsilon_1}{2}|\nabla u_2|^2+\frac{1}{\epsilon_2}W(u_2)\right)\mathrm{d}x+\\&\lambda\Big(\int_{\{u_1,u_2\geqslant\frac{1}{2}\}}(f-c_{11})^2\mathrm{d}x+\\&\int_{\{u_1\geqslant\frac{1}{2},u_2<\frac{1}{2}\}}(f-c_{10})^2\mathrm{d}x+\\&\int_{\{u_1<\frac{1}{2},u_2\geqslant\frac{1}{2}\}}(f-c_{01})^2\mathrm{d}x+\\&\int_{\{u_1<\frac{1}{2},u_2<\frac{1}{2}\}}(f-c_{00})^2\mathrm{d}x\Big)\}\end{aligned} \tag{4-30}$$

4.2 弱解的适定性

根据 H，δ 的定义，可将模型(4-14)改写成如下形式：

$$u_t=-\Delta\left(\epsilon_1\Delta u-\frac{1}{\epsilon_2}W'(u)\right)-\delta_{\epsilon_3}\left(u-\frac{1}{2}\right)\left[\lambda_1(f-c_1)^2-\lambda_2(f-c_2)^2\right] \tag{4-31}$$

我们定义演变方程(4-31)的一个弱解，$\forall \nu \in \mathbf{V}$，

$$\frac{\mathrm{d}}{\mathrm{d}t}\langle u,\nu\rangle+\langle\epsilon_1\Delta u,\Delta\nu\rangle-\langle\frac{1}{\epsilon_2}W'(u),\Delta\nu\rangle=$$
$$\langle-\delta_{\epsilon_3}[\lambda_1(f-c_1)^2-\lambda_2(f-c_2)^2],\nu\rangle \tag{4-32}$$

其中

$$\mathbf{V}=\left\{\varphi\in H^2(\Omega)\mid\frac{\partial\varphi}{\partial\vec{n}}=\frac{\partial\Delta\varphi}{\partial\vec{n}}=0\text{ on }\partial\Omega\right\} \tag{4-33}$$

4.2.1 弱解的存在性

首先，我们假定方程的解 u 关于时间在L^2范数下是一致有界的。

引理 4.2.1 给定一个如上所述形式的弱解，则存在常数 $c(\epsilon_3,\lambda_2,f)>0$ 和 $\theta>0$ 使得对任给的 $t\geqslant 0$ 有

$$\frac{1}{2}\frac{\mathrm{d}}{\mathrm{d}t}\int_\Omega u^2\mathrm{d}x\leqslant c(\epsilon_3,\lambda_2,f)-\theta\int_\Omega u^2dx \tag{4-34}$$

证明 方程(4-31)乘以 u 并在 Ω 上积分，有

$$\frac{1}{2}\frac{\mathrm{d}}{\mathrm{d}t}\int_\Omega u^2\mathrm{d}x=-\epsilon_1\int_\Omega(\Delta u)^2\mathrm{d}x-\frac{1}{\epsilon_2}\int_\Omega W''(u)\,|\nabla u|^2\mathrm{d}x-$$
$$\int_\Omega[\lambda_1(f-c_1)^2-\lambda_2(f-c_2)^2]\delta_{\epsilon_3}u\mathrm{d}x \tag{4-35}$$

由对任给的 u 和一些常数 γ 和 C 有 $W''(u)\geqslant\gamma u^2-C$，则：

$$\frac{1}{2}\frac{\mathrm{d}}{\mathrm{d}t}\int_\Omega u^2\mathrm{d}x\leqslant-\epsilon_1\int_\Omega(\Delta u)^2\mathrm{d}x-\frac{\gamma}{\epsilon_2}\int_\Omega u^2\,|\nabla u|^2\mathrm{d}x+\frac{C}{\epsilon_2}\int_\Omega|\nabla u|^2\mathrm{d}x-$$
$$\int_\Omega[\lambda_1(f-c_1)^2-\lambda_2(f-c_2)^2]\delta_{\epsilon_3}u\mathrm{d}x \tag{4-36}$$

首先，估计式(4-36)的最后一项：记$\widetilde{C_1}=\frac{\lambda_1}{\pi}(f-c_1)^2+\frac{1}{2}\geqslant\frac{1}{2}$，$\widetilde{C_2}=\frac{\lambda_2}{\pi}(f-c_2)^2+\frac{1}{2}\geqslant\frac{1}{2}$。由于 $0\leqslant u\leqslant 1$，所以

$$\int_\Omega\widetilde{C_2}\frac{\epsilon_3 u}{\epsilon_3^2+\left(u-\frac{1}{2}\right)^2}\mathrm{d}x\leqslant\int_\Omega\widetilde{C_2}\frac{1}{\epsilon_3}\mathrm{d}x\leqslant c(\epsilon_3,\lambda_2,f) \tag{4-37}$$

由于 $\left(u-\frac{1}{2}\right)^2\in\left[0,\frac{1}{4}\right]$，所以

$$\int_\Omega\widetilde{C_1}\frac{\epsilon_3 u}{\epsilon_3^2+\left(u-\frac{1}{2}\right)^2}\mathrm{d}x\geqslant\epsilon_3\int_\Omega\frac{\frac{1}{2}u}{\epsilon_3^2+\left(u-\frac{1}{2}\right)^2}\mathrm{d}x\geqslant\epsilon_3\int_\Omega\frac{\frac{1}{2}u^2}{\epsilon_3^2+\frac{1}{4}}\mathrm{d}x=\tilde{C}\int_\Omega u^2\mathrm{d}x \tag{4-38}$$

则

$$\int_{\Omega}(-\widetilde{C_1}+\widetilde{C_2})\frac{\epsilon_3 u}{\epsilon_3^2+\left(u-\frac{1}{2}\right)^2}\mathrm{d}x \leqslant c(\epsilon_3,\lambda_2,f)-\widetilde{C}\int_{\Omega}u^2\mathrm{d}x \tag{4-39}$$

将所有项合在一起，得到

$$\frac{1}{2}\frac{\mathrm{d}}{\mathrm{d}t}\int_{\Omega}u^2\mathrm{d}x \leqslant -\epsilon_1\int_{\Omega}(\Delta u)^2\mathrm{d}x-\frac{\gamma}{\epsilon_2}\int_{\Omega}u^2\ |\nabla u|^2\mathrm{d}x+ \frac{C}{\epsilon_2}\int_{\Omega}|\nabla u|^2\mathrm{d}x+c(\epsilon_3,\lambda_2,f)-\widetilde{C}\int_{\Omega}u^2\mathrm{d}x \tag{4-40}$$

由标准的插值不等式

$$\int_{\Omega}|\nabla u|^2\mathrm{d}x \leqslant \delta\int_{\Omega}(\Delta u)^2\mathrm{d}x+\frac{1}{\delta}\int_{\Omega}u^2\mathrm{d}x \tag{4-41}$$

有：

$$\frac{1}{2}\frac{\mathrm{d}}{\mathrm{d}t}\int_{\Omega}u^2\mathrm{d}x \leqslant -\epsilon_1\int_{\Omega}(\Delta u)^2\mathrm{d}x-\frac{\gamma}{\epsilon_2}\int_{\Omega}u^2\ |\nabla u|^2\mathrm{d}x+\frac{C\delta}{\epsilon_2}\int_{\Omega}|\Delta u|^2\mathrm{d}x+ \frac{C}{\epsilon_2\delta}\int_{\Omega}u^2\mathrm{d}x+c(\epsilon_3,\lambda_2,f)-\widetilde{C}\int_{\Omega}u^2\mathrm{d}x \tag{4-42}$$

取 $\dfrac{C\left(2\epsilon_3+\frac{1}{2}\right)}{\epsilon_2\ \epsilon_3}<\delta<\dfrac{\epsilon_1\ \epsilon_2}{C}$，满足条件 $\dfrac{C\delta}{\epsilon_2}<\epsilon_1$ 和 $\dfrac{C}{\epsilon_2\delta}<\widetilde{C}=\dfrac{\epsilon_3}{2\epsilon_3+\frac{1}{2}}$。在这些条件下，我们有如下不等式：

$$\frac{1}{2}\frac{\mathrm{d}}{\mathrm{d}t}\int_{\Omega}u^2\mathrm{d}x \leqslant c(\epsilon_3,\lambda_2,f)-\theta\int_{\Omega}u^2\mathrm{d}x \tag{4-43}$$

其中，$\theta>0$。因此 Gronwall's 不等式的微分形式满足如下估计

$$\int_{\Omega}u^2\mathrm{d}x \leqslant \mathrm{e}^{-\theta t}\left[\int_{\Omega}u_0^2\mathrm{d}x+ct\right] \leqslant c(\epsilon_3,\lambda_2,f)t+\|u_0\|_{L^2(\Omega)}^2 \tag{4-44}$$

再回到式(4-42)，我们从 0 到 T 进行积分，由上述不等式可得

$$\max_{0\leqslant t\leqslant T}\|u\|_{L^2(\Omega)}^2+\|u\|_{L^2(0,T;H_0^2(\Omega))}^2 \leqslant c(\epsilon_3,\lambda_2,f)T+\widetilde{C}\|u_0\|_{L^2(\Omega)}^2 \tag{4-45}$$

□

定理 4.2.1 （弱解的存在性）方程(4-31)存在弱解。

证明 步骤 1：Galerkin 估计。

取 $\{w_k\}_{k=1}^{\infty}$ 为 $L=-\Delta$ 在 $H^2(\Omega)$ 上的适当的归一化特征函数的完备集，$\{w_k\}_{k=1}^{\infty}$ 是 $H^2(\Omega)$ 上的正交基，也是 $L^2(\Omega)$ 上的正交基。对每一个正整数 m，我们找到如下形式的函数 u_m：

$$u_m=\sum_{k=1}^{m}d_m^k(t)w_k \tag{4-46}$$

其中，$d_m^k(0)=(u_0,w_k)$，u_m满足

$$\left(\frac{\mathrm{d}u_m}{\mathrm{d}t},w_k\right)+(\epsilon_1\Delta u_m,\Delta w_k)-\left(\frac{1}{\epsilon_2}w'(u_m),\Delta w_k\right)=$$
$$(-\delta_{\epsilon_3}[\lambda_1(f-c_1)^2-\lambda_2(f-c_2)^2],w_k) \tag{4-47}$$

由于 $\{w_k\}_{k=1}^{\infty}$是标准正交基，$W'(u)$是线性的，因此有：

$$\left(\frac{\mathrm{d}u_m}{\mathrm{d}t},w_k\right)=\frac{\mathrm{d}}{\mathrm{d}t}d_m^k(t) \tag{4-48}$$

$$B[u_m,w_k;t]:=(\epsilon_1\Delta u_m,\Delta w_k)-\left(\frac{1}{\epsilon_2}w'(u_m),\Delta w_k\right)=\sum\nolimits_{l=1}^{m}e^{kl}(t)d_m^l(t) \tag{4-49}$$

式中，$e^{kl}(t):=B[w_l,w_k;t],(k,l=1,\cdots,m)$。

记 $f^k(t):=(-\delta_{\epsilon_3}[\lambda_1(f-c_1)^2-\lambda_2(f-c_2)^2],w_k)$，则式(4-47)等价于：

$$\frac{\mathrm{d}}{\mathrm{d}t}\mathrm{d}_m^k(t)+\sum\nolimits_{l=1}^{m}e^{kl}(t)d_m^l(t)=f^k(t)\quad(k=1,\cdots,m) \tag{4-50}$$

$$d_m^k(0)=(u_0,w_k) \tag{4-51}$$

根据 Picard 存在定理，对于任给的 $0\leqslant t\leqslant T$，存在唯一的绝对连续的函数 $d_m(t)=[d_m^1(t),\cdots,d_m^m(t)]$ 满足式(4-50)和式(4-51)。

步骤 2：能量估计。

式(4-47)乘以 $d_m^k(t)$，k 从 1 加到 m，有

$$\left(\frac{\mathrm{d}u_m}{\mathrm{d}t},u_m\right)+(\epsilon_1\Delta u_m,\Delta u_m)-\left(\frac{1}{\epsilon_2}w'(u_m),\Delta u_m\right)=$$
$$(-\delta_{\epsilon_3}[\lambda_1(f-c_1)^2-\lambda_2(f-c_2)^2],u_m) \tag{4-52}$$

根据引理 4.2.1，有：

$$\max_{0\leqslant t\leqslant T}\|u_m\|_{L^2(\Omega)}^2+\|u_m\|_{L^2(0,T;H_0^2(\Omega))}^2\leqslant c(\epsilon_3,\lambda_2,f)T+\widetilde{C}\|u_0\|_{L^2(\Omega)}^2 \tag{4-53}$$

对任给的 $\nu\in\mathbf{V}$ 且 $\|\nu\|_{H^2(\Omega)}\leqslant 1$，记 $\nu=\nu^1+\nu^2$，其中$\nu^1\in\mathrm{span}\{w_k\}_{k=0}^{\infty}$，$(\nu^2,w_k)=0$。由于$\{w_k\}_{k=0}^{\infty}$ 在$H^2(\Omega)$中正交，因此 $\|\nu^1\|_{H^2(\Omega)}\leqslant\|\nu\|_{H^2(\Omega)}\leqslant 1$。则推断出：

$$(u_m',\nu^1)+(\epsilon_1\Delta u_m,\Delta\nu^1)-\left(\frac{1}{\epsilon_2}w'(u_m),\Delta\nu^1\right)=(-\delta_{\epsilon_3}[\lambda_1(f-c_1)^2-\lambda_2(f-c_2)^2],\nu^1) \tag{4-54}$$

又

$$\langle u_m',\nu\rangle=(u_m',\nu)=(u_m',\nu^1) \tag{4-55}$$

因此，

$$\max_{0\leqslant t\leqslant T}\| u_m \|^2_{L^2(\Omega)} + \| u_m \|^2_{L^2(0,T;H_0^2(\Omega))} + \| u'_m \|^2_{L^2(0,T;H^{-2}(\Omega))}$$

$$\leqslant c(\epsilon_3,\lambda_2,f)T + \widetilde{C}\| u_0 \|^2_{L^2(\Omega)} \tag{4-56}$$

步骤 3:证存在性。

根据能量估计,有 $\{u_m\}_{m=1}^{\infty}$ 在 $L^2(0,T;H_0^2(\Omega))$ 中有界,$\{u_m'\}_{m=1}^{\infty}$ 在 $L^2(0,T;H^{-2}(\Omega))$ 中有界。由弱紧致定理,存在 $\{u_{ml}\}_{l=1}^{\infty}\subset\{u_m\}_{m=1}^{\infty}$ 和 $u\in L^2(0,T;H_0^2(\Omega))$,$u'\in L^2(0,T;H^{-2}(\Omega))$,使得:

$$\begin{cases} u_{ml} \text{ 在 } L^2(0,T;H_0^2(\Omega)) \text{ 中弱收敛于 } u \\ u'_{ml} \text{ 在 } L^2(0,T;H^{-2}(\Omega)) \text{ 中弱收敛于 } u' \end{cases} \tag{4-57}$$

下面固定 N,$\nu_N\in C^1([0,T];V)$,有如下形式

$$\nu_N=\sum_{k=1}^{N} d^k(t)w_k \tag{4-58}$$

选取 $m\geqslant N$,方程(4-47) 乘以$d^k(t)$,k 从 1 加到 N,关于 t 积分,有

$$\int_0^T (u_m',\nu_N)+(\epsilon_1\Delta u_m,\Delta\nu_N)-\left(\frac{1}{\epsilon_2}w'(u_m),\Delta\nu_N\right)\mathrm{d}t=$$

$$\int_0^T (-\delta_{\epsilon_3}[\lambda_1(f-c_1)^2-\lambda_2(f-c_2)^2],\nu_N)\mathrm{d}t$$

令 $m=m_l$,$l\to\infty$,有

$$\int_0^T (u',\nu_N)+(\epsilon_1\Delta u,\Delta\nu_N)-\left(\frac{1}{\epsilon_2}w'(u),\Delta v_N\right)\mathrm{d}t=$$

$$\int_0^T (-\delta_{\epsilon_3}[\lambda_1(f-c_1)^2-\lambda_2(f-c_2)^2],\nu_N)\mathrm{d}t$$

由于 $C^1([0,T];H_0^2(\Omega))$ 在 $L^2([0,T];H_0^2(\Omega))$ 中稠,则 $\forall\nu\in L^2([0,T];H_0^2(\Omega))$,有:

$$\int_0^T (u',\nu)+(\epsilon_1\Delta u,\Delta\nu)-\left(\frac{1}{\epsilon_2}w'(u),\Delta\nu\right)\mathrm{d}t=$$

$$\int_0^T (-\delta_{\epsilon_3}[\lambda_1(f-c_1)^2-\lambda_2(f-c_2)^2],\nu)\mathrm{d}t \tag{4-59}$$

从而 $\forall\nu\in V$,$0\leqslant t\leqslant T$,a. e. 有 $(u',\nu)+(\epsilon_1\Delta u,\Delta\nu)-\left(\frac{1}{\epsilon_2}w'(u),\Delta\nu\right)=(-\delta_{\epsilon_3}[\lambda_1(f-c_1)^2-\lambda_2(f-c_2)^2],\nu)$。为了验证 $u(0)=u_0$,首先对 $\nu\in C^1([0,T];H_0^2(\Omega))$ 且 $\nu(T)=0$,有:

$$\int_0^T (-\nu',u)+(\epsilon_1\Delta u,\Delta\nu)-\left(\frac{1}{\epsilon_2}w'(u),\Delta\nu\right)\mathrm{d}t=$$

$$\int_0^T (-\delta_{\epsilon_3}[\lambda_1(f-c_1)^2-\lambda_2(f-c_2)^2],\nu)\mathrm{d}t+(u(0),\nu(0))$$

类似地,有:

$$\int_0^T (-\nu', u_m) + (\epsilon_1 \Delta u_m, \Delta\nu) - \left(\frac{1}{\epsilon_2} w'(u_m), \Delta\nu\right) \mathrm{d}t =$$

$$\int_0^T (-\delta_{\epsilon_3}[\lambda_1 (f - c_1)^2 - \lambda_2 (f - c_2)^2], \nu) \mathrm{d}t + (u_m(0), \nu(0)) \qquad (4\text{-}60)$$

令 $m = m_l, l \to \infty$，有

$$\int_0^T (-\nu', u) + (\epsilon_1 \Delta u, \Delta\nu) - \left(\frac{1}{\epsilon_2} w'(u), \Delta\nu\right) \mathrm{d}t$$

$$= \int_0^T (-\delta_{\epsilon_3}[\lambda_1 (f - c_1)^2 - \lambda_2 (f - c_2)^2], \nu) \mathrm{d}t + (u_0, \nu(0)) \qquad (4\text{-}61)$$

又 $\nu(0)$ 是任意的，因此 $u(0) = u_0$。 □

4.2.2 弱解的唯一性

定理 4.2.2 （弱解的唯一性）方程(4-31)的弱解是唯一的。

证明 假设 u_1 和 u_2 都是方程(4-31)的弱解，则有：

$$\langle u_1' - u'2, \nu\rangle + \langle \epsilon_1 \Delta(u_1 - u_2), \Delta\nu\rangle - \langle \frac{1}{\epsilon_2}(W'(u_1) - W'(u_2)), \Delta\nu\rangle$$

$$= \langle -\left(\delta_{\epsilon_3}\left(u_1 - \frac{1}{2}\right) - \delta_{\epsilon_3}\left(u_2 - \frac{1}{2}\right)\right)[\lambda_1 (f - c_1)^2 - \lambda_2 (f - c_2)^2], \nu\rangle \qquad (4\text{-}62)$$

记 $w = u_1 - u_2, w(0) = 0$，且 $\nu = w$，有

$$\langle w', w\rangle + \langle \epsilon_1 \Delta w, \Delta w\rangle + \langle \frac{1}{\epsilon_2}(12(u_1 + u_2 - 1)) w \nabla w, \nabla w\rangle$$

$$= \langle -\frac{\epsilon_3}{\pi}[\lambda_1 (f - c_1)^2 - \lambda_2 (f - c_2)^2] \frac{u_1 + u_2 - 1}{\left[\epsilon_3^2 + \left(u_1 - \frac{1}{2}\right)^2\right]\left[\epsilon_3^2 + \left(u_2 - \frac{1}{2}\right)^2\right]} w, w\rangle \qquad (4\text{-}63)$$

关于 t 求积分，考虑如下能量估计，

$$\frac{1}{2} \| w \|_{L^2(\Omega)}^2 + \int_0^T \int_\Omega \left(\frac{12}{\epsilon_2} w^2 |\nabla w|^2 + \frac{12(2u_2 - 1)}{\epsilon_2} w |\nabla w|^2\right) \mathrm{d}x\mathrm{d}t$$

$$+ \epsilon_1 \| \Delta w \|_{L^2(0,T;L^2(\Omega))}^2 \leqslant C \int_0^T \int_\Omega w^2 \mathrm{d}x\mathrm{d}t \qquad (4\text{-}64)$$

根据插值不等式，有：

$$\int_0^T \int_\Omega \frac{12(2u_2 - 1)}{\epsilon_2} w |\nabla w|^2 \mathrm{d}x\mathrm{d}t \geqslant \int_0^T \int_\Omega \frac{-12}{\epsilon_2} |\nabla w|^2 \mathrm{d}x\mathrm{d}t$$

$$\geqslant \int_0^T \int_\Omega \frac{-12}{\epsilon_2}\left(\delta |\Delta w|^2 + \frac{1}{\delta} |w|^2\right) \mathrm{d}x\mathrm{d}t \qquad (4\text{-}65)$$

选取 $\delta\leqslant\frac{\epsilon_1\epsilon_2}{12}$，$\int_\Omega w^2\mathrm{d}x\leqslant C\int_0^T\int_\Omega w^2\mathrm{d}x\mathrm{d}t$。根据 Gronwall's 引理，$w\equiv 0$，即 $u_1\equiv u_2$。

4.3　基于量身定做有限点方法的数值格式

首先，将展示 TFPM 如何应用于求解非平衡辐射扩散方程。考虑如下一维非线性抛物型问题[99]：

$$\begin{cases}\dfrac{\partial u}{\partial t}-\dfrac{\partial}{\partial x}\left(a(x,u)\dfrac{\partial u}{\partial x}\right)+c(x,u)u=f(x,t),\forall x\in[0,1],t>0\\ u\mid_{x=0,1}=0, & t>0\\ u\mid_{t=0}=u_0(x), & x\in[0,1]\end{cases}\tag{4-66}$$

其中，$a(x,u)\geqslant a_0>0$，$c(x,u)\geqslant -c_0$，$c_0\geqslant 0$，$f(x,t)$ 是给定的函数。假设 $h=N^{-1}$ 是网格尺寸，$x_j=jh$，$0\leqslant j\leqslant N$，$t_n=n\tau$，$0\leqslant n\leqslant M$。首先，我们将上述方程在 $[x_{j-\frac{1}{2}},x_{j+\frac{1}{2}}]\times[t_n,t_{n+1}]$ 上积分：

$$\int_{t_n}^{t_{n+1}}\int_{x_{j-\frac{1}{2}}}^{x_{j+\frac{1}{2}}}\left(\frac{\partial u}{\partial t}-\frac{\partial}{\partial x}(a(x,u)\frac{\partial u}{\partial x})+c(x,u)u\right)\mathrm{d}x\mathrm{d}t=\int_{t_n}^{t_{n+1}}\int_{x_{j-\frac{1}{2}}}^{x_{j+\frac{1}{2}}}f(x,t)\mathrm{d}x\mathrm{d}t\tag{4-67}$$

然后在时间上利用梯形公式，空间上采用中心差分，可以得到：

$$\frac{u_j^{n+1}-u_j^n}{\tau}-\frac{a_{j+\frac{1}{2}}^{n+1}u_{x,j+\frac{1}{2}}^{n+1}+a_{j+\frac{1}{2}}^{n}u_{x,j+\frac{1}{2}}^{n}}{2h}+\frac{a_{j-\frac{1}{2}}^{n+1}u_{x,j-\frac{1}{2}}^{n+1}+a_{j-\frac{1}{2}}^{n}u_{x,j-\frac{1}{2}}^{n}}{2h}+\frac{c_j^{n+1}u_j^{n+1}+c_j^nu_j^n}{2}=\frac{f_j^{n+1}+f_j^n}{2}\tag{4-68}$$

其中，$a_{j+\frac{1}{2}}^{n+1}=a(x_{j+\frac{1}{2}},u_{j+\frac{1}{2}}^{n+1})$。

下面我们在每个单元的中心离散 u 的一阶导数，采用中心差分，可近似得到：

$$u_{x,j+\frac{1}{2}}=\frac{u_{j+1}-u_j}{h}\tag{4-69}$$

我们将得到经典的有限体积格式，但是，当存在一些边界层/内层，且必须使用相对较大的网格尺寸时，经典的有限体积格式可能不能够产生合适的近似值。我们在这里使用一些特殊的基函数在每个单元 $[x_j,x_{j+1}]$ 上内插函数 u，从而使用此插值估计单元中心 u 的一阶导数。基函数是根据简化方程的解的性质来选取的。例如，我们用分片常数 $\nu_{j+\frac{1}{2}}$、$a_{j+\frac{1}{2}}$、$c_{j+\frac{1}{2}}$ 和 $f_{j+\frac{1}{2}}$ 近似 $\frac{\partial u}{\partial t}$，$a(x,u)$，$c(x,u)$，$f(x,t)$ 在单元 $[x_j,x_{j+1}]$ 上的值，其中：

$$a_{j+\frac{1}{2}}=\frac{1}{h}\int_{x_j}^{x_{j+1}}a(x,u(x))\mathrm{d}x,u(x)=u_j+\frac{u_{j+1}-u_j}{h}(x-x_j) \tag{4-70}$$

则在$[x_j,x_{j+1}]$上的退化方程为

$$-a_{j+\frac{1}{2}}\frac{\mathrm{d}^2u}{\mathrm{d}x^2}+c_{j+\frac{1}{2}}u=f_{j+\frac{1}{2}}-\nu_{j+\frac{1}{2}} \tag{4-71}$$

退化方程的解满足

$$u(x)\in\frac{f_{j+\frac{1}{2}}-\nu_{j+\frac{1}{2}}}{c_{j+\frac{1}{2}}}+\mathrm{span}\{\mathrm{e}^{\lambda x},\mathrm{e}^{-\lambda x}\}\text{ 其中,}\lambda=\sqrt{\frac{c_{j+\frac{1}{2}}}{a_{j+\frac{1}{2}}}} \tag{4-72}$$

则对于所有的 $u\in\mathrm{span}\{1,\mathrm{e}^{\lambda x},\mathrm{e}^{-\lambda x}\}$，我们有：

$$u_{x,j+\frac{1}{2}}=\lambda\frac{u_{j+1}-u_j}{\mathrm{e}^{\frac{\lambda h}{2}}-\mathrm{e}^{-\frac{\lambda h}{2}}} \tag{4-73}$$

从而可以得到方程(4-71)的量身定做有限点格式：

$$-\alpha_{j-1}^{n+1}u_{j-1}^{n+1}+\alpha_j^{n+1}u_j^{n+1}-\alpha_{j+1}^{n+1}u_{j+1}^{n+1}=\beta^n \tag{4-74}$$

其中，系数为：

$$\begin{aligned}&\alpha_j^{n+1}=\frac{1}{\tau}+\alpha_{j-1}^{n+1}+\alpha_{j+1}^{n+1}+\frac{c_j^{n+1}}{2}\\&\alpha_{j\pm1}^{n+1}=\lambda_\pm\frac{a_{j\pm\frac{1}{2}}^{n+1}}{2h(\mathrm{e}^{\frac{\lambda\pm h}{2}}-\mathrm{e}^{-\frac{\lambda\pm h}{2}})},\lambda_\pm=\sqrt{\frac{c_{j\pm\frac{1}{2}}}{a_{j\pm\frac{1}{2}}}},\\&\beta^n=\alpha_{j-1}^n u_{j-1}^n+\left(\frac{1}{\tau}-\alpha_{j-1}^n-\alpha_{j+1}^n-\frac{c_j^n}{2}\right)u_j^n+\alpha_{j+1}^n u_{j+1}^n+\frac{f_j^{n+1}+f_j^n}{2}\end{aligned} \tag{4-75}$$

下面，我们提出使用 TFPM 求解修正 Cahn-Hilliard 方程(4-14)的稳态解。令 $\nu=\epsilon_1\Delta u-\frac{1}{\epsilon_2}W'(u)$，则方程(4-14)的稳态解等价于下面方程组的解：

$$\begin{cases}\nu=\epsilon_1\Delta u-\dfrac{1}{\epsilon_2}W'(u)\\0=-\Delta\nu-[\lambda_1(f-c_1)^2-\lambda_2(f-c_2)^2]\dfrac{\epsilon_3}{\pi\left[\epsilon_3^2+\left(u-\frac{1}{2}\right)^2\right]}\end{cases} \tag{4-76}$$

为方便计算，我们将上面的方程改写成两个耦合的二阶抛物型方程：

$$\begin{cases}u_t=\epsilon_1\Delta u-\dfrac{1}{\epsilon_2}W'(u)-\nu\\-\nu_t=-\Delta\nu-[\lambda_1(f-c_1)^2-\lambda_2(f-c_2)^2]\dfrac{\epsilon_3}{\pi\left[\epsilon_3^2+\left(u-\frac{1}{2}\right)^2\right]}\end{cases} \tag{4-77}$$

其中，u 和 ν 满足 $\frac{\partial u}{\partial n}=\frac{\partial\nu}{\partial n}=0$。对于第一个方程，首先将 $W'(u)$ 作如下线性化

处理：

$$W'(u)=4u^3-6u^2+2u=(4u^2+2)u-6u^2 \tag{4-78}$$

其中，$4u^2+2$ 和 $-6u^2$ 可被看作分片常数。我们采用 TFPM[99] 求解方程组(4-77)中的第一个方程。例如，我们可以采用时间上为二阶精度的梯形公式(一般称作 Crank-Nicolson 方法)，可得：

$$\frac{u_{ij}^{n+1}-u_{ij}^{n}}{\tau}=\epsilon_1\left[\frac{u_{x,i+\frac{1}{2},j}^{n}-u_{x,i-\frac{1}{2},j}^{n}}{2h}+\frac{u_{x,i+\frac{1}{2},j}^{n+1}-u_{x,i-\frac{1}{2},j}^{n+1}}{2h}\right]+$$

$$\epsilon_1\left[\frac{u_{y,i,j+\frac{1}{2}}^{n}-u_{y,i,j-\frac{1}{2}}^{n}}{2h}+\frac{u_{y,i,j+\frac{1}{2}}^{n+1}-u_{y,i,j-\frac{1}{2}}^{n+1}}{2h}\right]-\frac{1}{\epsilon_2}W'\left(\frac{u_{ij}^{n}+u_{ij}^{n+1}}{2}\right)-v_{ij}^{n} \tag{4-79}$$

为了捕获边界层/内层，我们选取一些特殊的基函数去插值函数 u。例如，我们用一些分片常数 $z_{i+\frac{1}{2},j+\frac{1}{2}}$ 去近似 $[x_i,x_{i+1}]\times[y_j,y_{j+1}]$ 上的 $\frac{\partial u}{\partial t}$，则退化方程的解满足：

$$u(x,y)\in\frac{\frac{6}{\epsilon_2}(u_{ij}^{n})^2-\nu_{i,j}^{n}-z_{i+\frac{1}{2},j+\frac{1}{2}}}{\frac{4(u_{ij}^{n})^2+2}{\epsilon_2}}+\mathrm{span}\{e^{\xi x},e^{-\xi x},e^{\xi y},e^{-\xi y}\} \tag{4-80}$$

其中，

$$\xi=\sqrt{\frac{4(u_{ij}^{n})^2+2}{\epsilon_1\epsilon_2}} \tag{4-81}$$

与之前讨论的一样，我们可以得到：

$$\begin{cases} u_{x,i+\frac{1}{2},j}=\xi\dfrac{u_{i+1}-u_{ij}}{e^{\frac{\xi h}{2}}-e^{-\frac{\xi h}{2}}} \\ u_{y,i,j+\frac{1}{2}}=\xi\dfrac{u_{i,j+1}-u_{ij}}{e^{\frac{\xi h}{2}}-e^{-\frac{\xi h}{2}}} \end{cases} \tag{4-82}$$

则第一个方程的量身定做有限点格式为：

$$\left(1+\frac{\tau}{\epsilon_2}(2(u_{ij}^{n})^2+1)\right)u_{ij}^{n+1}-\frac{\epsilon_1\tau\xi}{2h(e^{\frac{\xi h}{2}}-e^{-\frac{\xi h}{2}})}(u_{i+1,j}^{n+1}+u_{i-1,j}^{n+1}+u_{i,j+1}^{n+1}+u_{i,j-1}^{n+1}-4u_{ij}^{n+1})=$$

$$\left(1-\frac{\tau}{\epsilon_2}(2(u_{i,j}^{n})^2+1)\right)u_{ij}^{n}+$$

$$\frac{\epsilon_1\tau\xi}{2h(e^{\frac{\xi h}{2}}-e^{-\frac{\xi h}{2}})}(u_{i+1,j}^{n}+u_{i-1,j}^{n}+u_{i,j+1}^{n}+u_{i,j-1}^{n}-4u_{ij}^{n})+\frac{6\tau}{\epsilon_2}(u_{ij}^{n})^2-\tau v_{ij}^{n} \tag{4-83}$$

可由 BICGSTAB 进行求解。对于方程组(4-77)中的第二个方程，可直接导出 Crank-Nicolson 格式：

$$\frac{\nu_{ij}^{n+1}-\nu_{ij}^{n}}{\tau}=\frac{\Delta_h\,\nu_{ij}^{n+1}+\Delta_h\,v_{ij}^{n}}{2}+\left[\lambda_1\,(f-c_1)^2-\lambda_2\,(f-c_2)^2\right]\frac{\epsilon_3}{\pi\left[\epsilon_3^2+\left(u-\frac{1}{2}\right)^2\right]} \tag{4-84}$$

即

$$\begin{aligned}&\left(1+\frac{2\tau}{h^2}\right)\nu_{ij}^{n+1}-\frac{\tau}{2\,h^2}(\nu_{i+1,j}^{n+1}+\nu_{i-1,j}^{n+1}+\nu_{i,j+1}^{n+1}+\nu_{i,j-1}^{n+1})\\&=\left(1-\frac{2\tau}{h^2}\right)\nu_{ij}^{n}+\frac{\tau}{2\,h^2}(\nu_{i+1,j}^{n}+\nu_{i-1,j}^{n}+\nu_{i,j+1}^{n}+\nu_{i,j-1}^{n})+\\&\tau\left[\lambda_1\,(f-c_1)^2-\lambda_2\,(f-c_2)^2\right]\frac{\epsilon_3}{\pi\left[\epsilon_3^2+\left(u-\frac{1}{2}\right)^2\right]}\end{aligned} \tag{4-85}$$

也可由 BICGSTAB 进行求解。当然,也可以使用传统的有限差分法求解方程(4-77),为方便起见,将传统有限差分方法记作 FDM。

4.4 数值算例

在本节中,我们将修正的 Cahn-Hilliard 模型应用于各种合成的和真实的图像分割中。对于所有的数值实验,我们使用以下停机准则:

$$\frac{\|\ u^k-u^{k-1}\ \|_2}{\|\ u^{k-1}\ \|_2}<\mathrm{tol} \tag{4-86}$$

式中,$\mathrm{tol}=1\mathrm{E}-5$;$\|\cdot\|_2$ 为 Ω 上的L^2 范数;k 为迭代次数。

在展示数值结果之前,我们首先讨论在实验中使用的参数。我们提出的模型[参见方程(4-14)]中,有五个参数:$\epsilon_1,\epsilon_2,\epsilon_3,\lambda_1,\lambda_2$。参数$\epsilon_1$ 和ϵ_2 主要决定 u 的演变。为了帮助连接物体的不连续(断裂) 部分,需要将这两个参数选取较大的值,以驱动 u 在接近 1 的那些区域的传播。然而,当选取的ϵ_1 和ϵ_2 较大时会导致很大的过渡层,进而模糊所期望分割的图像边界。为了解决这个问题,在实验中我们采用两个步骤:第一步,首先选取较大的ϵ_1 和ϵ_2,求解方程(4-14) 的稳态解。第二步,选取较小的 ϵ_1 和 ϵ_2,求解方程(4-14) 直至达到新的稳定状态。基于 Cahn-Hilliard 方程的特征,ϵ_2 越小过渡层越薄,这有助于定位目标分割的边界。在本节的所有实验中,我们选择$\epsilon_2=\frac{\epsilon_1}{2}$。

参数 ϵ_3 控制着函数 $H_{\epsilon_3}(x)$ 逼近 Heaviside 函数 $H(x)$ 的程度。在所有的实验中,我们固定参数 $\epsilon_3=0.1$。至于拟合项系数λ_1 和λ_2,通常选取在 1 的附近。

由于在模型求解中需要解时间发展方程,因此必须设置 u 和 ν 的初始值。在实验中,我们通过使用阈值来设定 u 的初始值。准确地说,对于给定图像 f,其值在区

间 [0,1] 中，我们首先选取阈值 $f_0 \in (0,1)$，然后设置初始的 u 在区域 $\{f \geq f_0\}$ 中为 1，其余区域为 0。并且 ν 的初始值可以通过使用 $\nu = \epsilon_1 \Delta u - \frac{1}{\epsilon_2} W'(u)$ 来计算。

4.4.1　算例 1

首先考虑含有不同几何形状的合成图像，如图 4-1 所示。该图像被零均值标准差为 $\sigma = 0.2$ 的高斯噪声污染。在这个实验中，我们选取参数 $\lambda_1 = 1.1$，而第一阶段中取 $\epsilon_1 = 5$，第二阶段中取 $\epsilon_1 = 0.01$。我们给出了初始分割(初始 u)，第一阶段分割后的图像 u，第二阶段分割后的图像，即最终的分割结果。从这些图中可以看出，尽管图像被强噪声污染，但我们所提出的模型依然能够分割出我们感兴趣的不同的几何对象。此外，从图 4-1 中可以看出，强度均值 c_1 和 c_2 可以在迭代 100 步时达到稳态，而 u^k 在迭代 150 步后趋于稳定，这也表明我们所提出的模型的有效性。

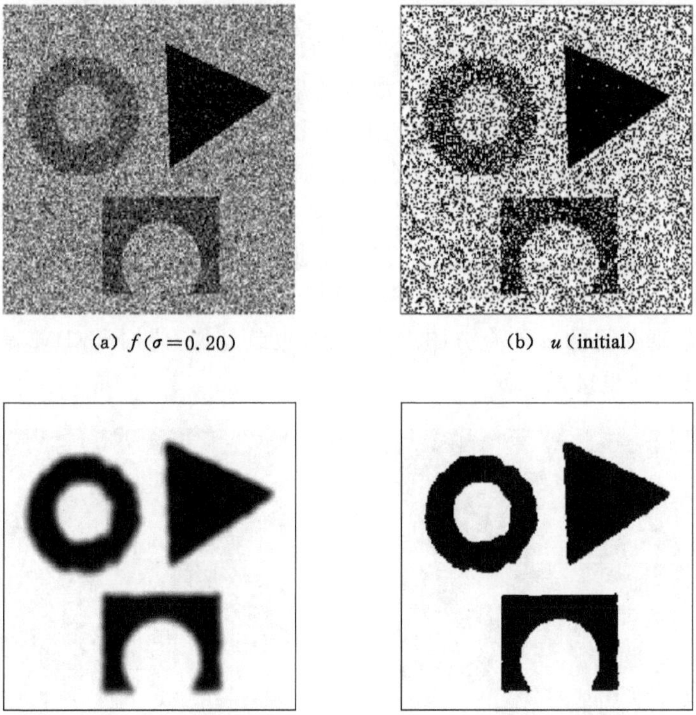

(a) $f(\sigma = 0.20)$　(b) u(initial)

(c) u(intermediate)　(d) u(final)

图 4-1　采用 CH(TFPM)模型分割的含有 $\sigma = 0.20$ 的 Gaussian 噪声的图像，展示了 c_1，c_2 随迭代次数的变化情况

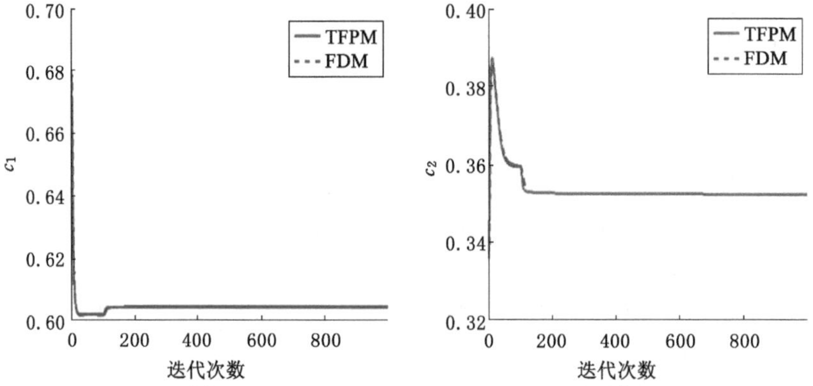

(e) (f)

图 4-1(续)

为了说明使用 TFPM 技术的优点,我们将 TFPM 求解方程(4-14)的数值结果与使用传统有限差分法(FDM)的数值结果进行对比,如图 4-2 所示。图中给出了两种方法的能量随迭代次数变化的对比图和 u 的相对误差随迭代次数变化的对比图。这些图表明,使用 TFPM 技术的数值实验中的 u 的能量和相对误差比 FDM 中的降低得更快,因此使用 TFPM 技术进行图像分割比使用 FDM 技术能更快地收敛。除此之外,由于 TFPM 使用了对应的简化模型的特殊基函数[23],因此它比传统方法保留了更多的原模型中的性质。这种现象可以从使用两种方案分别获得的 u 的直方图中观察到,也就是说,使用 TFPM 得到的 u 的值比使用 FDM 更接近 0 或 1。

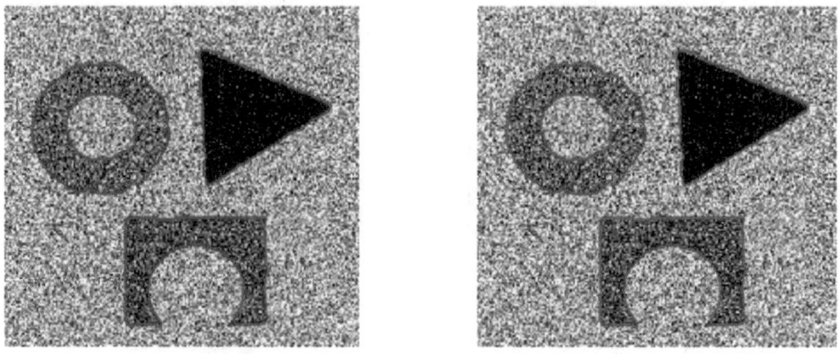

(a) u(FDM) (b) u(TFPM)

图 4-2 采用 CH(TFPM)模型分割的含有 $\sigma=0.20$ 的 Gaussian 噪声的图像,能量和 u^k 的相对误差在 log-尺度下随迭代次数的变化情况

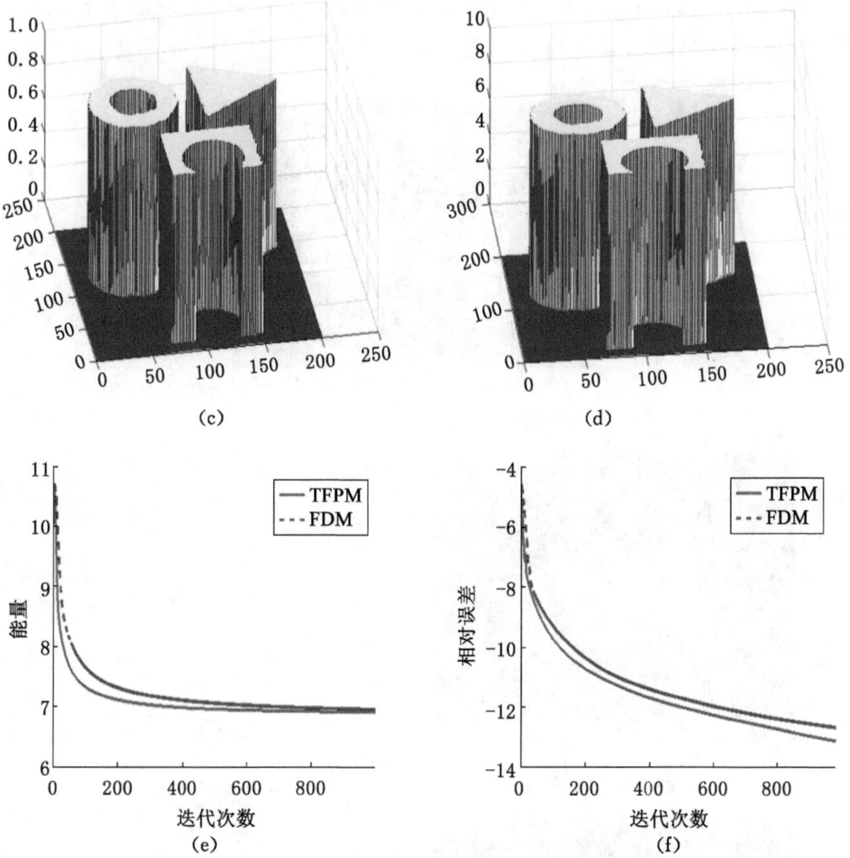

图 4-2(续)

4.4.2　算例 2

我们考虑一幅真实的图像,一只行走在湖中的老虎,见图 4-3(a)。在这个实验中,第一阶段使用参数 $\epsilon_1 = 80$,第二阶段使用参数 $\epsilon_1 = 0.01$,$\lambda_1 = 0.65$。我们的目标是捕捉老虎的完整边界。请注意,它的身体和尾部有很多条纹,并且基于标准的分割模型(如 Chan-Vese 模型[72])可以将这些条纹分割为单独的对象,可参见图 4-3(c)。更重要的是,这些常规方法并不能分割提取出尾部,因为尾部存在较大的间隙。为了解决这个问题,在文献[83]中,作者提出使用欧拉弹力函数作为活动轮廓的正则项,尾部可以大部分恢复。然而,在这项工作中,必须使曲率对应的能量泛函最小化,这是非常具有挑战性的,并且计算成本也非常昂贵。相比之下,我们提出的模型更易于处理、计算成本更少。换句话说,通过使用

Cahn-Hilliard 方程，我们的模型能够像曲率驱动模型一样实现沿着相对较大的间隙恢复边界的目标，且计算成本低得多。

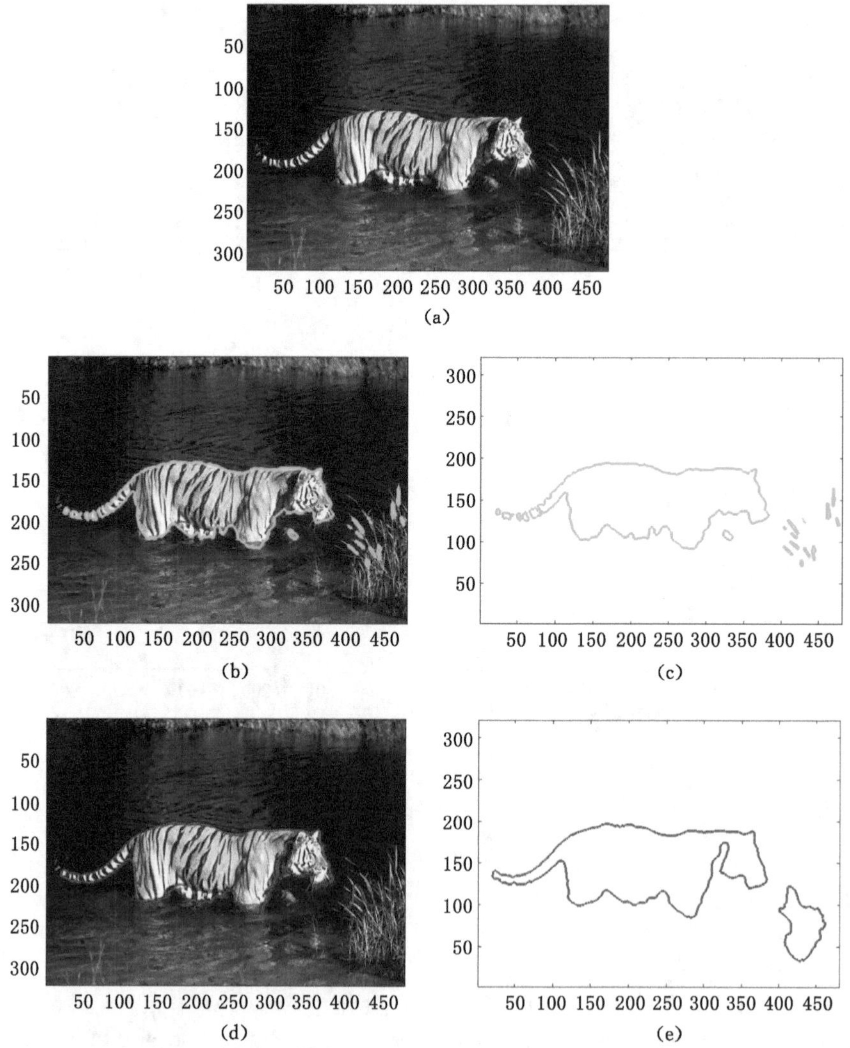

图 4-3　初始图像“老虎”及分别使用 CV 模型和 CH 模型的分割结果对比

4.4.3　算例 3

在图 4-4 中，我们将修正的 Cahn-Hilliard 模型应用于具有不均匀背景的管状血管的医学图像。在这个实验中,第一阶段使用参数 $\epsilon_1 = 4$,第二阶段使用参数 $\epsilon_1 = 0.01$,$\lambda_1 = 0.85$。通过这个数值案例,再次验证了我们的模型通过自动连接那些破损的区域成功地捕获了有意义的细长血管。然而,作为基于强度的分割模型,Chan-Vese 模型只能分割出那些白色区域,而将那些破碎而有意义的部分断开。

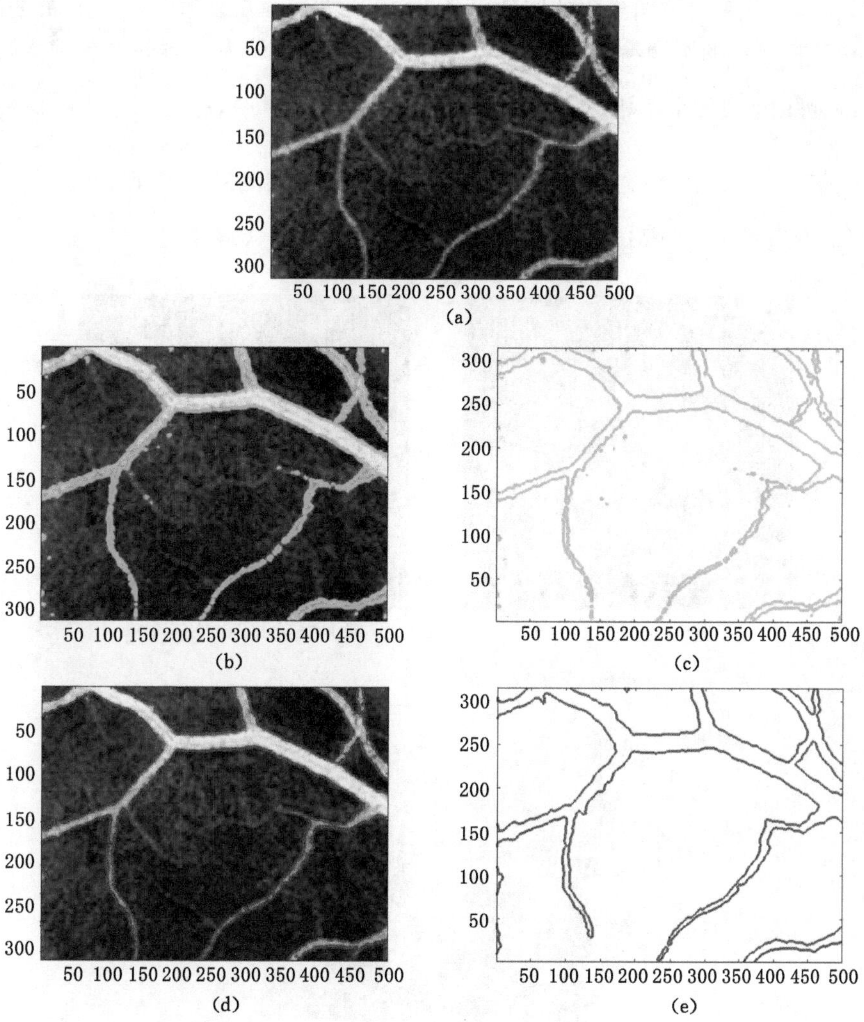

图 4-4　初始图像“血管”及分别使用 CV 模型和 CH 模型的分割结果对比

4.4.4 算例 4

在图 4-5 中，我们将修正的 Cahn-Hilliard 模型应用于一个真实的植物图像“Yellow”，第一阶段使用参数 $\epsilon_1 = 3$，第二阶段使用参数 $\epsilon_1 = 0.01$，$\lambda_1 = 1.3$。在图 4-6 中，我们将修正的 Cahn-Hilliard 模型应用于一个真实的植物图像“花朵”，目标是分割出该图像中的四种颜色，使用参数 $\epsilon_1 = 0.3$ 和 $\lambda_1 = 1$。在最初时候，由不同颜色的圆圈给出两个轮廓，圆圈内为 1，圆圈外为 0，通过迭代演变，最终我们可以通过四个不相交集合来识别四种颜色：$\{u_1 > \frac{1}{2}, u_2 > \frac{1}{2}\}$，$\{u_1 > \frac{1}{2}, u_2 \leqslant \frac{1}{2}\}$，$\{u_1 \leqslant \frac{1}{2}, u_2 > \frac{1}{2}\}$，$\{u_1 \leqslant \frac{1}{2}, u_2 \leqslant \frac{1}{2}\}$。通过分割出的花托的形状，可以明显看出采用 TFPM 技术可以更精确地提出想要的区域轮廓。

(a) f

(b) Contour (CH, iter. 60)

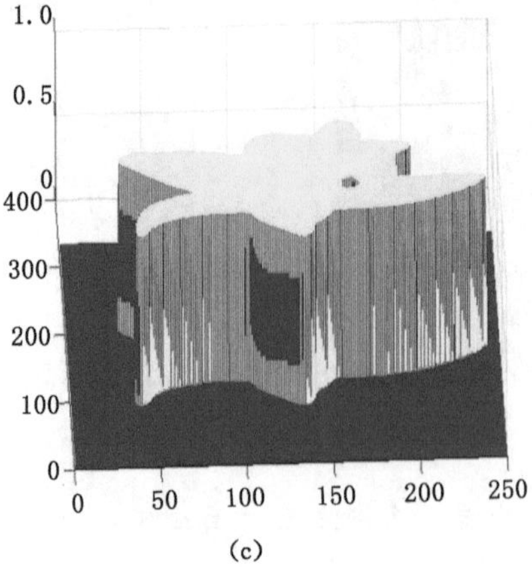

(c)

图 4-5　初始图像“植物”及使用 CH 模型的分割结果

(a) f　　(b) Initial contour

(c) CV,iter.400　　(d) CV,iter.500

图 4-6　初始图像"花朵"及分别使用 CV 模型和 CH 模型的分割结果对比

4.5　本章小结

本章提出了一种新的基于 Cahn-Hilliard 方程的图像分割模型。除了像传统的分割模型(如 Chan-Vese 模型)一样,可以有效地将对象从噪声背景中分割出来,所提出的新模型还能够自动恢复宽间隙的缺失轮廓。此前一般文献中通常通过更为复杂的曲率驱动模型来实现。由于 Cahn-Hilliard 方程是基于曲率模型的四阶欧拉-格朗日方程,相对简单,所提出的模型在数值求解和分析上都更易处理。为了有效地求解相关方程并保留模型特征,我们将 TFPM[23] 技术应用于数值求解,得到了清晰的图像轮廓。此外本章还分析了所提出模型的适定性。

第5章 图像修复

5.1 二值图像修复

5.1.1 二值图像修复模型

由于二阶模型,能够处理的图像修复只限于仅包含较小尺度受损区域的图像,并且在断裂边缘的连接上也达不到连通性的要求,因此本节我们讨论能够修复含有大范围图像信息缺失的四阶修正的 Cahn-Hilliard 模型。

假设 Ω 是整个图像区域,包括有效信息区域和待修复区域(信息缺失区域),其中 $D\subset\Omega$ 代表待修复区域,如图 5-1 所示。图像修复就是根据扩散项将 $\Omega\backslash D$ 中的有效信息自动恢复到待修复区域,最终得到原始干净的图像。

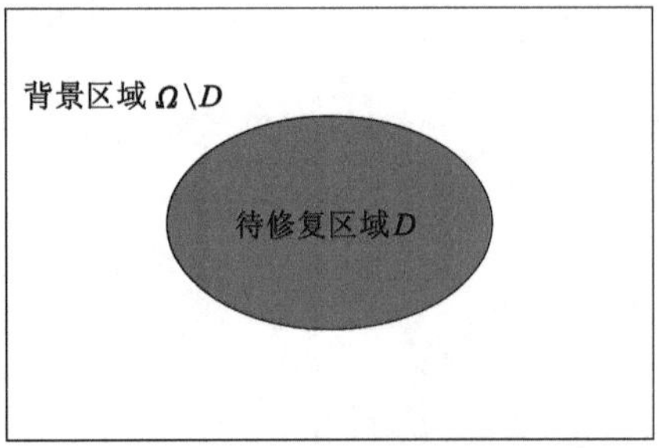

图 5-1 待修复图像

首先我们回顾由 Bertozzi[2] 等提出的修正的 Cahn-Hilliard 模型。设 f 为给定的需要修复的二值图像;u 为原始干净的二值图像;$D\subset\Omega$ 为待修复区域,则图像修复的修正的 Cahn-Hilliard 模型为

$$u_t=-\Delta\left(\epsilon\Delta u-\frac{1}{\epsilon}W'(u)\right)+\lambda(x)(f-u) \tag{5-1}$$

式中,u 满足边界条件 $\frac{\partial u}{\partial n}=\frac{\partial\Delta u}{\partial n}=0$ 在边界 $\partial\Omega$ 上,$W(u)=u^2(u-1)^2$ 为双势

阱函数，

$$\lambda(x)=\begin{cases}0, x\in D;\\ \lambda_0, x\in \Omega\backslash D\end{cases} \tag{5-2}$$

Bertozzi 等[2]已经证明了上述模型的适定性。方程(5-1)不是任何给定能量泛函的梯度流。事实上，方程(5-1)右边的第一项是在范数 $\bar{H}^{-1}$ 下关于下列能量泛函$E_1(u)$ 的梯度流[31]：

$$E_1(u)=\int_\Omega\left(\frac{\epsilon}{2}\,|\nabla u|^2+\frac{1}{\epsilon}W(u)\right)\mathrm{d}x \tag{5-3}$$

满足

$$\begin{aligned}\frac{\mathrm{d}}{\mathrm{d}t}E_1(u)&=\frac{\mathrm{d}}{\mathrm{d}t}\int_\Omega\left(\frac{\epsilon}{2}\,|\nabla u|^2+\frac{1}{\epsilon}W(u)\right)\mathrm{d}x\\&=\int_\Omega\left(\epsilon\,\nabla u\,(\nabla u)_t+\frac{1}{\epsilon}W'(u)u_t\right)\mathrm{d}x\\&=\int_\Omega\left(-\epsilon\Delta u+\frac{1}{\epsilon}W'(u)\right)u_t\mathrm{d}x\\&=\int_\Omega w\,u_t\mathrm{d}x=\int_\Omega w\Delta w\mathrm{d}x=-\int_\Omega|\nabla w|^2\mathrm{d}x\leqslant 0\end{aligned} \tag{5-4}$$

式中，$w=-\epsilon\,\Delta u+\frac{1}{\epsilon}W'(u)$。

方程(5-1)右边的第二项是在范数 L^2 下关于如下能量泛函$E_2(u)$ 的梯度流：

$$E_2(u)=\frac{\lambda}{2}\int_\Omega(f-u)^2\mathrm{d}x \tag{5-5}$$

满足

$$\begin{aligned}\frac{\mathrm{d}}{\mathrm{d}t}E_2(u)&=\frac{\mathrm{d}}{\mathrm{d}t}\int_\Omega\frac{\lambda}{2}(f-u)^2\mathrm{d}x=\int_\Omega-\lambda(f-u)u_t\mathrm{d}x\\&=\int_\Omega-\lambda^2(f-u)^2\mathrm{d}x\leqslant 0\end{aligned} \tag{5-6}$$

然而，$E_1(u)+E_2(u)$既不是范数 $\bar{H}^{-1}$下的梯度流也不是范数 L^2 下的梯度流。事实上，

$$\begin{aligned}\frac{\mathrm{d}}{\mathrm{d}t}(E_1(u)+E_2(u))&=\frac{\mathrm{d}}{\mathrm{d}t}\int_\Omega\left(\frac{\epsilon}{2}\,|\nabla u|^2+\frac{1}{\epsilon}W(u)+\frac{\lambda}{2}(f-u)^2\right)\mathrm{d}x\\&=\int_\Omega-|\nabla w|^2-\lambda^2(f-u)^2+\lambda\,\nabla(f-u)\nabla w+\\&\quad\lambda(f-u)w\,\mathrm{d}x\end{aligned} \tag{5-7}$$

关于模型的收敛性，Bertozzi 等[2]也给出了如下能量估计：

$$\epsilon\int_{\Omega}(\Delta u)^2\mathrm{d}x+\lambda\int_{\Omega\setminus D}(f-u)^2\mathrm{d}x\leqslant -\frac{C}{\epsilon}\left(\int_{\Omega}u^2\mathrm{d}x\right)^2+\frac{C}{\epsilon}\int_{\Omega}u^2\mathrm{d}x+C\left(\epsilon+\frac{1}{\epsilon}\right) \tag{5-8}$$

不等式(5-8)的右边是一个开口向下的抛物线,因此可得:

$$\int_{\Omega}(\Delta u)^2\mathrm{d}x\leqslant C\left(\epsilon+\frac{1}{\epsilon}\right)\frac{1}{\epsilon} \tag{5-9}$$

$$\int_{\Omega\setminus D}(f-u)^2\mathrm{d}x\leqslant \frac{C\left(\epsilon+\frac{1}{\epsilon}\right)}{\lambda} \tag{5-10}$$

根据模型的非凸性,一般采用凸分裂的思想进行求解,但是需要定义很多参数。并且需要不断地从大到小调整 ϵ,而且当 $\epsilon\ll 1$ 时凸分裂算法已经不能很好地逼近原始方程的真实解了。这是由于当 $\epsilon\ll 1$ 时,方程为奇异摄动问题,传统的数值格式会带来边界层和内层,引起数值解的伪振荡。本书使用 TFPM 方法进行数值求解,此法所需选取的参数更少,计算结果更精确。

5.1.2 凸分裂算法

1998 年,Eyre[101] 等提出了求解梯度流方程的凸分裂算法。特别地,该算法对任意大的时间步长都是稳定的。这个算法的核心思想是将能量泛函分成凸泛函和凹泛函两个部分。凸泛函采用隐式格式,凹泛函采用显式格式。我们分别将E_1和E_2作如下分裂:

$$E_1=E_{11}-E_{12} \tag{5-11}$$

其中

$$E_{11}=\int_{\Omega}\left(\frac{\epsilon}{2}\,|\nabla u|^2+\frac{C_1}{2}\,|u|^2\right)\mathrm{d}x \tag{5-12}$$

$$E_{12}=\int_{\Omega}\left(-\frac{1}{\epsilon}W(u)+\frac{C_1}{2}\,|u|^2\right)\mathrm{d}x \tag{5-13}$$

$$E_2=E_{21}-E_{22} \tag{5-14}$$

其中

$$E_{21}=\int_{\Omega-D}\frac{C_2}{2}\,|u|^2\mathrm{d}x \tag{5-15}$$

$$E_{22}=\int_{\Omega}\left(-\frac{\lambda}{2}(f-u)^2+\frac{C_2}{2}\,|u|^2\right)\mathrm{d}x \tag{5-16}$$

C_1,C_2 为选取的非负常数,需要足够大使得能量泛函E_{11},E_{12},E_{21} 和E_{22} 都为凸。根据凸分裂算法的思想,我们得到凸分裂算法的数值格式为:

$$\frac{u_{ij}^{n+1}-u_{ij}^{n}}{\tau}=-\nabla_{\bar{H}^{-1}}(E_{11}^{n+1}-E_{12}^{n})-\nabla_{\bar{L}^2}(E_{21}^{n+1}-E_{22}^{n})$$

$$=-\epsilon\Delta^2 u^{n+1}+C_1\Delta u^{n+1}-C_2\Delta u^{n+1}-C_1\Delta u^n+$$
$$\frac{1}{\Delta}W'(u^n)+C_2 u^n+\lambda(f-u^n) \tag{5-17}$$

可以采用快速 Fourier 变换方法求解，

$$(1+\epsilon\tau\hat{\Delta}^2-C_1\tau\hat{\Delta}+C_2\tau)\hat{u}^{n+1}=(1-C_1\tau\hat{\Delta}+C_2\tau-\lambda\tau)\hat{u}^n+\frac{\tau}{\epsilon}\hat{\Delta}W'(\hat{u}^n)+\lambda\tau\hat{f} \tag{5-18}$$

式中，C_1，C_2为足够大的正数，使得分裂得到的四个能量泛函均为凸泛函。

5.1.3 量身定做有限点方法

对于图像修复模型，之前已经罗列了采用 PDE 模型的诸多优势，在本章节我们讨论关于图像修复模型的数值计算方法。由于图像修复模型对应的变分偏微分方程求解中的非线性和奇异摄动性，给偏微分方程的数值求解带来很大困难。对于奇异摄动问题，传统的数值求解方法计算时间较长（稳定性条件决定的），且不能很好地处理边界层/内层。因此很多学者都在寻求基于 PDE 的修复模型的最优数值求解方法，以提高图像的修复质量。凸分裂算法虽然是无条件稳定的数值格式，但是其算法中需要选取的参数较多，且需要不断地从大到小调整ϵ，当$\epsilon\ll 1$时，原始问题变成奇异摄动问题，产生边界层/内层，使得方程解本身或者其时间/空间导数变化剧烈，凸分裂算法中的传统的数值格式不能准确逼近原问题的解。本书将从图像修复模型的自身特性出发寻求最优的数值求解格式，提高图像修复质量。

5.1.3.1 TFPM 格式的构造

为了求解修正的 Cahn-Hilliard 方程(5-1)的稳态解，首先我们令$\nu=\epsilon\Delta u-\frac{1}{\epsilon}W'(u)$，则方程(5-1)的稳态解等价于求解下列方程组：

$$\begin{cases}\nu=\epsilon\Delta u-\frac{1}{\epsilon}W'(u)\\ 0=-\Delta\nu+\lambda(f-u)\end{cases} \tag{5-19}$$

为了计算简便，我们将方程组(5-19)转化为两个耦合的二阶抛物型方程：

$$\begin{cases}u_t=\epsilon\Delta u-\frac{1}{\epsilon}W'(u)-\nu\\ -\nu_t=-\Delta\nu+\lambda(f-u)\end{cases} \tag{5-20}$$

其中，u，ν满足$\frac{\partial u}{\partial n}=\frac{\partial \nu}{\partial n}=0$。对于求解方程组(5-20)中的第一个方程，首先将$W'(u)$作如下线性化：

$$W'(u)=4u^3-6u^2+2u=(4u^2+2)u-6u^2 \tag{5-21}$$

其中，$4u^2+2$ 和 $-6u^2$ 可被看作分片常数。下面我们采用量身定做有限点(TF-PM)技术[99]求解第一个方程。首先，采用时间为二阶精度的梯形公式进行离散，即通常所说的 Crank-Nicolson 方法，得到

$$\begin{aligned}\frac{u_{ij}^{n+1}-u_{ij}^{n}}{\tau}=&\epsilon\left(\frac{u_{x,i+\frac{1}{2},j}^{n}-u_{x,i-\frac{1}{2},j}^{n}}{2h}+\frac{u_{x,i+\frac{1}{2},j}^{n+1}-u_{x,i-\frac{1}{2},j}^{n+1}}{2h}\right)+\\&\epsilon\left(\frac{u_{y,i,j+\frac{1}{2}}^{n}-u_{y,i,j-\frac{1}{2}}^{n}}{2h}+\frac{u_{y,i,j+\frac{1}{2}}^{n+1}-u_{y,i,j-\frac{1}{2}}^{n+1}}{2h}\right)-\\&\frac{1}{\epsilon}W'\left(\frac{u_{ij}^{n}+u_{ij}^{n+1}}{2}\right)-\nu_{ij}^{n}\end{aligned} \tag{5-22}$$

为了捕获边界层/内层，我们选取一些特殊的基函数去插值函数 u。例如，我们用一些分片常数 $z_{i+\frac{1}{2},j+\frac{1}{2}}$ 去近似 $[x_i,x_{i+1}]\times[y_j,y_{j+1}]$ 上的 $\frac{\partial u}{\partial t}$，则退化方程的解满足：

$$u(x,y)\in\frac{\frac{6}{\epsilon}(u_{ij}^{n})^2-\nu_{i,j}^{n}-z_{i+\frac{1}{2},j+\frac{1}{2}}}{\frac{4(u_{ij}^{n})^2+2}{\epsilon}}+\mathrm{span}(\mathrm{e}^{\xi x},\mathrm{e}^{-\xi x},\mathrm{e}^{\xi y},\mathrm{e}^{-\xi y}) \tag{5-23}$$

其中，

$$\xi=\sqrt{\frac{4(u_{ij}^{n})^2+2}{\epsilon^2}} \tag{5-24}$$

显然可得：

$$\begin{cases}u_{x,i+\frac{1}{2},j}=\xi\dfrac{u_{i+1,j}-u_{ij}}{\mathrm{e}^{\frac{\xi h}{2}}-\mathrm{e}^{-\frac{\xi h}{2}}}\\ u_{y,i,j+\frac{1}{2}}=\xi\dfrac{u_{i,j+1}-u_{ij}}{\mathrm{e}^{\frac{\xi h}{2}}-\mathrm{e}^{-\frac{\xi h}{2}}}\end{cases} \tag{5-25}$$

则第一个抛物型问题的量身定做有限点格式为：

$$\begin{aligned}&\left(1+\frac{\tau}{\epsilon}(2(u_{ij}^{n})^2+1)\right)u_{ij}^{n+1}-\frac{\epsilon\tau\xi}{2h(\mathrm{e}^{\frac{\xi h}{2}}-\mathrm{e}^{-\frac{\xi h}{2}})}(u_{i+1,j}^{n+1}+u_{i-1,j}^{n+1}+u_{i,j+1}^{n+1}+u_{i,j-1}^{n+1}-4u_{ij}^{n+1})=\\&\left(1-\frac{\tau}{\epsilon}(2(u_{i,j}^{n})^2+1)\right)u_{ij}^{n}+\\&\frac{\epsilon\tau\xi}{2h(\mathrm{e}^{\frac{\xi h}{2}}-\mathrm{e}^{-\frac{\xi h}{2}})}(u_{i+1,j}^{n}+u_{i-1,j}^{n}+u_{i,j+1}^{n}+u_{i,j-1}^{n}-4u_{ij}^{n})+\frac{6\tau}{\epsilon}(u_{ij}^{n})^2-\tau\nu_{ij}^{n}\end{aligned} \tag{5-26}$$

可由 BICGSTAB 进行求解。对于方程组(5-20)中的第二个方程，可直接导出 Crank-Nicolson 格式

$$\frac{u_{ij}^{n+1}-u_{ij}^{n}}{\tau}=\frac{\Delta_h \nu_{ij}^{n+1}+\Delta_h \nu_{ij}^{n}}{2}-\lambda(f-u_{ij}^{n}) \tag{5-27}$$

也就是：

$$\left(1+\frac{2\tau}{h^2}\right)\nu_{ij}^{n+1}-\frac{\tau}{2h^2}(\nu_{i+1,j}^{n+1}+\nu_{i-1,j}^{n+1}+\nu_{i,j+1}^{n+1}+\nu_{i,j-1}^{n+1})$$

$$=\left(1-\frac{2\tau}{h^2}\right)\nu_{ij}^{n}+\frac{\tau}{2h^2}(\nu_{i+1,j}^{n}+\nu_{i-1,j}^{n}+\nu_{i,j+1}^{n}+\nu_{i,j-1}^{n})+\tau\lambda u_{ij}^{n}-\tau\lambda f \tag{5-28}$$

也可由 BICGSTAB 进行求解。

5.1.3.2　稳定性分析

为了在验证量身定做有限点方法的稳定性时书写简便，我们令 $\alpha=\frac{\epsilon\tau\xi}{2h(e^{\frac{\xi h}{2}}-e^{-\frac{\xi h}{2}})}$，$\beta=\frac{\tau}{\epsilon}(2(u_{ij}^{n})^2+1)+4\alpha$，则式(5-26)和式(5-28)可分别简写为：

$$(1+\beta)u_{ij}^{n+1}-\alpha(u_{i+1,j}^{n+1}+u_{i-1,j}^{n+1}+u_{i,j+1}^{n+1}+u_{i,j-1}^{n+1})$$

$$=(1-\beta)u_{ij}^{n+1}+\alpha(u_{i+1,j}^{n+1}+u_{i-1,j}^{n+1}+u_{i,j+1}^{n+1}+u_{i,j-1}^{n+1})+\frac{6\tau}{\epsilon}(u_{ij}^{n})^2-\tau\nu_{ij}^{n} \tag{5-29}$$

$$\left(1+\frac{2\tau}{h^2}\right)\nu_{ij}^{n+1}-\frac{\tau}{2h^2}(\nu_{i+1,j}^{n+1}+\nu_{i-1,j}^{n+1}+\nu_{i,j+1}^{n+1}+\nu_{i,j-1}^{n+1})$$

$$=\left(1-\frac{2\tau}{h^2}\right)\nu_{ij}^{n}+\frac{\tau}{2h^2}(\nu_{i+1,j}^{n}+u_{i-1,j}^{n}+\nu_{i,j+1}^{n}+\nu_{i,j-1}^{n})+\tau\lambda u_{ij}^{n}-\tau\lambda f \tag{5-30}$$

令 $\vec{u}_{ij}^{n}=(u_{ij}^{n},\nu_{ij}^{n})^{\mathrm{T}}$，则：

$$\begin{pmatrix}1+\beta & \\ & 1+\frac{2\tau}{h^2}\end{pmatrix}\vec{u}_{ij}^{n+1}+\begin{pmatrix}-\alpha & \\ & -\frac{\tau}{2h^2}\end{pmatrix}(\vec{u}_{i+1,j}^{n+1}+\vec{u}_{i-1,j}^{n+1}+\vec{u}_{i,j+1}^{n+1}+\vec{u}_{i,j-1}^{n+1})$$

$$=\begin{pmatrix}1-\beta & -\tau \\ \tau\lambda & 1-\frac{2\tau}{h^2}\end{pmatrix}\vec{u}_{ij}^{n}+\begin{pmatrix}\alpha & \\ & \frac{\tau}{2h^2}\end{pmatrix}(\vec{u}_{i+1,j}^{n}+\vec{u}_{i-1,j}^{n}+\vec{u}_{i,j+1}^{n}+u_{i,j-1}^{n})+$$

$$\begin{pmatrix}\frac{6\tau}{\epsilon}(u_{ij}^{n})^2 \\ -\tau\lambda f\end{pmatrix} \tag{5-31}$$

根据 von Neumann 线性稳定性分析，我们将数值解写成：

$$u_{ij}^{n}=\nu^{n}e^{Ikih+Irjh} \tag{5-32}$$

式中，$I=\sqrt{-1}$ 为虚数单位；k，r 为空间频率；υ 为增长因子。将式(5-32)代入迭代公式，有：

$$\begin{pmatrix}1+\beta-2\alpha(\cos kh+\cos rh) & \\ & 1+\frac{2\tau}{h^2}-\frac{\tau}{h^2}(\cos kh+\cos rh)\end{pmatrix}\vec{\nu}^{n+1}$$

$$= \begin{pmatrix} 1-\beta+2\alpha(\cos kh+\cos rh) & -\tau \\ \tau\lambda & 1-\frac{2\tau}{h^2}+\frac{\tau}{h^2}(\cos kh+\cos rh) \end{pmatrix}\vec{\nu}^{\,n}+$$

$$\begin{pmatrix} \frac{6\tau}{\epsilon}(u_{ij}^n)^2 \\ -\tau\lambda f \end{pmatrix} \tag{5-33}$$

令 $A=\cos kh+\cos rh$，则有：

$G(\tau;k,r)=$

$$\begin{pmatrix} 1+\beta-2\alpha A & \\ & 1+\frac{\tau}{h^2}(2-A) \end{pmatrix}^{-1}\begin{pmatrix} 1-\beta+2\alpha A & -\tau \\ \tau\lambda & 1-\frac{\tau}{h^2}(2-A) \end{pmatrix}$$

$$= \begin{pmatrix} \frac{1-\beta+2\alpha A}{1+\beta-2\alpha A} & \frac{-\tau}{1+\beta-2\alpha A} \\ \frac{\tau\lambda}{1+\frac{\tau}{h^2}(2-A)} & \frac{1-\frac{\tau}{h^2}(2-A)}{1+\frac{\tau}{h^2}(2-A)} \end{pmatrix} \tag{5-34}$$

令 $a=\beta-2\alpha A>0, b=\frac{\tau}{h^2}(2-A)>0$，则增长矩阵 G 的特征值为：

$$\mu_{1,2}=1-\left(\frac{a}{1+a}+\frac{b}{1+b}\right)\pm\sqrt{\left(\frac{b}{1+b}-\frac{a}{1+a}\right)^2-\frac{\tau^2\lambda}{(1+a)(1+b)}} \tag{5-35}$$

当 $\left(\frac{b}{1+b}-\frac{a}{1+a}\right)^2-\frac{\tau^2\lambda}{(1+a)(1+b)}\geqslant 0$ 时，即 $\tau^2\lambda\leqslant\frac{(b-a)^2}{(1+a)(1+b)}$ 时，$|\mu_{1,2}|\leqslant 1$ 总是成立的。当 $\left(\frac{b}{1+b}-\frac{a}{1+a}\right)^2-\frac{\tau^2\lambda}{(1+a)(1+b)}<0$ 时，即 $\tau^2\lambda>\frac{(b-a)^2}{(1+a)(1+b)}$ 时，$|\mu_{1,2}|\leqslant 1$ 等价于 $\tau^2\lambda\leqslant 2(a+b)$。显然，

$$2(a+b)-\frac{(b-a)^2}{(1+a)(1+b)}=\frac{(a+b)^2+2(a+b)(1+ab)+4ab}{(1+a)(1+b)}>0 \tag{5-36}$$

所以上述数值格式稳定当且仅当 $\tau^2\lambda\leqslant 2(a+b)$。

5.2 灰度图像修复

5.2.1 灰度图像修复模型

在二值图像修复的 Cahn-Hilliard 模型中，采用的双势阱函数 $W(u)=$

$u^2(1-u)^2$ 导致修复图像稳定在像素值为 0 或 1 的地方，因此对灰度图像的修复而言，我们用 Lyapunov 泛函代替双势阱函数，令 $W(u)=\frac{1}{4}(|u|^2-1)^2$，稳态解产生于 $|u|=1$ 的地方。2017 年，Cherfils 等[3]提出了复值 Cahn-Hilliard 模型：

$$u_t=-\Delta\left(\epsilon\Delta u-\frac{1}{\epsilon}f(u)\right)+\lambda(x)(f-u) \tag{5-37}$$

式中，$f(u)=|u|^2u-u, u\in\mathbb{C}$。

方程(5-37)右端的第一项为能量泛函 $E_1(u)$ 在范数 $\bar{H}^{-1}$ 下的梯度流：

$$E_1(u)=\int_\Omega\left(\frac{\epsilon}{2}|-i\,\nabla u|^2+\frac{1}{4\epsilon}|u|^4-\frac{1}{2\epsilon}|u|^2\right)\mathrm{d}x \tag{5-38}$$

方程(5-37)右端的第二项为能量泛函 $E_2(u)$ 在范数 L^2 下的梯度流：

$$E_2(u)=\frac{\lambda}{2}\int_\Omega(f-u)^2\mathrm{d}x \tag{5-39}$$

为了与二值图像修复的 Cahn-Hilliard 模型一致，我们作如下更改：设 f 为给定的灰度图像；u 为对应的被修复的干净的图像；$D\subset\Omega$ 为待修复区域，用于灰度图像的修正的 Cahn-Hilliard 方程为：

$$u_t=-\Delta\left(\epsilon\Delta u-\frac{1}{\epsilon}W'(u)\right)+\lambda(x)(f-u) \tag{5-40}$$

式中，u 在边界 $\partial\Omega$ 上满足 $\frac{\partial u}{\partial n}=\frac{\partial\Delta u}{\partial n}=0, W(u)=\frac{1}{4}(|u|^2-1)^2$，且

$$\lambda(x)=\begin{cases}0, & x\in D\\ \lambda_0, & x\in\Omega\backslash D\end{cases} \tag{5-41}$$

事实上，方程(5-40)右端第一项为能量泛函 $E_1(u)$ 在范数 $\bar{H}^{-1}$ 下的梯度流：

$$E_1(u)=\int_\Omega\left(\frac{\epsilon}{2}|\nabla u|^2+\frac{1}{\epsilon}W(u)\right)\mathrm{d}x \tag{5-42}$$

方程(5-40)右端第二项为能量泛函 $E_2(u)$ 在范数 L^2 下的梯度流：

$$E_2(u)=\frac{\lambda}{2}\int_\Omega(f-u)^2\mathrm{d}x \tag{5-43}$$

5.2.2 量身定做有限点方法

为了求解修正的 Cahn-Hilliard 方程(5-40)的稳态解，我们令 $\nu=\epsilon\Delta u-\frac{1}{\epsilon}W'(u)$，则方程(5-40)的稳态解等价于求解如下方程组：

$$\begin{cases}\nu=\epsilon\Delta u-\frac{1}{\epsilon}W'(u)\\ 0=-\Delta\nu+\lambda(f-u)\end{cases} \tag{5-44}$$

为了计算方便，我们将式(5-44)写成两个耦合的二阶抛物型问题：

$$\begin{cases} u_t = \epsilon\Delta u - \dfrac{1}{\epsilon}W'(u) - \nu \\ -\nu_t = -\Delta\nu + \lambda(f-u) \end{cases} \tag{5-45}$$

式中，u,ν 满足 $\dfrac{\partial u}{\partial n}=\dfrac{\partial \nu}{\partial n}=0$。对于第一个抛物型方程，首先将 $W'(u)$ 线性化，

$$W'(u)=(|u|^2-1)u=\left(|u|^2+\frac{1}{2}\right)u-\frac{3}{2}u \tag{5-46}$$

式中，$|u|^2+\dfrac{1}{2}$ 和 $-\dfrac{3}{2}u$ 可被看作分片常数。下面我们用量身定做有限点方法(TFPM)[99]求解第一个方程，与二值图像修复问题相同，令

$$\xi=\sqrt{\frac{|u|^2+\frac{1}{2}}{\epsilon^2}} \tag{5-47}$$

得到量身定做有限点格式：

$$\begin{aligned}&\left(1+\frac{\tau}{2\epsilon}\left(|u_{ij}^n|^2+\frac{1}{2}\right)\right)u_{ij}^{n+1}-\frac{\tau\xi}{2h\left(e^{\frac{\xi h}{2}}-e^{-\frac{\xi h}{2}}\right)}\left(u_{i+1,j}^{n+1}+u_{i-1,j}^{n+1}+u_{i,j+1}^{n+1}+u_{i,j-1}^{n+1}-4u_{ij}^{n+1}\right)\\ &=\left(1-\frac{\tau}{2\epsilon}\left(|u_{ij}^n|^2+\frac{1}{2}\right)\right)u_{ij}^n+\frac{\tau\xi}{2h\left(e^{\frac{\xi h}{2}}-e^{-\frac{\xi h}{2}}\right)}\left(u_{i+1,j}^n+u_{i-1,j}^n+u_{i,j+1}^n+u_{i,j-1}^n-4u_{ij}^n\right)+\\ &\frac{3\tau}{2\epsilon}u_{ij}^n-\tau\nu_{ij}^n\end{aligned} \tag{5-48}$$

对于第二个抛物型问题，可以直接由 Crank-Nicolson 格式求解：

$$\begin{aligned}&\left(1+\frac{2\tau}{h^2}\right)\nu_{ij}^{n+1}-\frac{\tau}{2h^2}\left(\nu_{i+1,j}^{n+1}+\nu_{i-1,j}^{n+1}+\nu_{i,j+1}^{n+1}+\nu_{i,j-1}^{n+1}\right)\\ &=\left(1-\frac{2\tau}{h^2}\right)\nu_{ij}^n+\frac{\tau}{2h^2}\left(\nu_{i+1,j}^n+\nu_{i-1,j}^n+\nu_{i,j+1}^n+\nu_{i,j-1}^n\right)+\tau\lambda u_{ij}^n-\tau\lambda f\end{aligned} \tag{5-49}$$

式(5-48)和式(5-49)最终都转化为求解大型方程组，可以由 BICGSTAB 进行求解。

下面我们验证格式的稳定性，

$$\tau^2\lambda\leqslant\frac{\tau}{\epsilon}|u_{ij}^n|^2+\frac{\tau}{2\epsilon}+2\alpha(a-A)+\frac{\tau}{h^2}(2-A) \tag{5-50}$$

式中，$\alpha=\dfrac{\tau\xi}{2h\left(e^{\frac{\xi h}{2}}-e^{-\frac{\xi h}{2}}\right)}$，$A=\cos kh+\cos rh$。因此，当 $\tau\leqslant\dfrac{1}{2\epsilon\lambda}$ 时，数值格式稳定。

5.3 数值算例

在本小节中，我们展示一些分别使用 TFPM 算法和凸分裂算法求解修正的

Cahn-Hilliard 模型的结果对比。对于所有的数值实验，我们使用以下停机准则：

$$\frac{\| u^k - u^{k-1} \|_2}{\| u^{k-1} \|_2} < 1\text{E}-5 \tag{5-51}$$

式中，$\| \cdot \|_2$ 为 Ω 上的L^2- 范数；k 为迭代次数。

在展示数值结果之前，我们首先讨论在我们的实验中使用的参数。在修正的 Cahn-Hilliard 模型[参见方程(5-1)]中，有两个参数：ϵ 和 λ。参数 ϵ 主要决定 u 的扩散。为了修复物体的被遮挡(缺失)部分，初始时需要将参数 ϵ 选取较大的值，以驱动 u 在整个区域的传播扩散。然而，当选取的 ϵ 较大时会导致很大的过渡层，进而模糊所期望的图像边界。为了解决这一问题，在实验中我们采用两个步骤：第一步，选取较大的 ϵ，求解方程(5-1)的稳态解；第二步，选取较小的 ϵ 求解方程(5-1)，以达到新的稳定状态。基于 Cahn-Hilliard 方程的特征，ϵ 越小过渡层越薄，这有助于定位区域的边界。参数 λ 控制着函数 u 在未被遮挡(有效信息)部分与初始图像 f 的逼近程度，在遮挡(待修复区域)部分与初始图像 f 无关。由于我们在模型求解中需要解时间发展方程，因此必须设置 u 和 v 的初始值。实验中，我们设定初始值 $u = f, \nu = \epsilon\Delta u - \frac{1}{\epsilon}W'(u)$。

5.3.1 算例 1

首先，我们考虑一幅黑白条状相间的合成图像"Strips-xi"，其中中间被遮挡部分的宽度较小，如图 5-2 所示。图 5-2(a)和图 5-2(b)为初始被遮挡的图像和未被遮挡的图像。图 5-2(c)和图 5-2(d)为分别采用凸分裂算法和 TFPM 方法修复的图像。使用 TFPM 求解的过程中，我们选取参数 $\lambda = 10, \tau = 0.1$，第一步中选取参数 $\epsilon = 2$，第二步中选取参数 $\epsilon = 0.01$。使用凸分裂算法求解的过程中，我们选取文献[2]中使用的参数值：$C_1 = 3\text{E}2, C_2 = 15\text{E}4, \tau = 0.01, \lambda = 4\text{E}4$。第一步中选取参数 $\epsilon = 0.8$，第二步中选取参数 $\epsilon = 0.01$。由图 5-2 可见，量身定做的有限点方法和凸分裂算法都能够很好地修复小块被遮挡区域。但是量身定做有限点方法能够在不破坏有效信号的前提下将缺失图像恢复出其该有的灰度信息，并且边界清晰；而使用凸分裂算法修复的图像，不能很好地保留沿着白黑分离的边界，即灰度梯度变化大的地方。这对应于在第二步中，ϵ 取值较小的时候，凸分裂算法不能够逼近原始模型的真解。原因在于凸分裂算法在进行数值求解时采用多项式进行插值，而 TFPM 算法选取了原始模型的基解进行插值，更多地利用了原始模型的特征。使用 TFPM 算法所需选取的参数明显少于凸分裂算法，并且所需迭代次数更少。

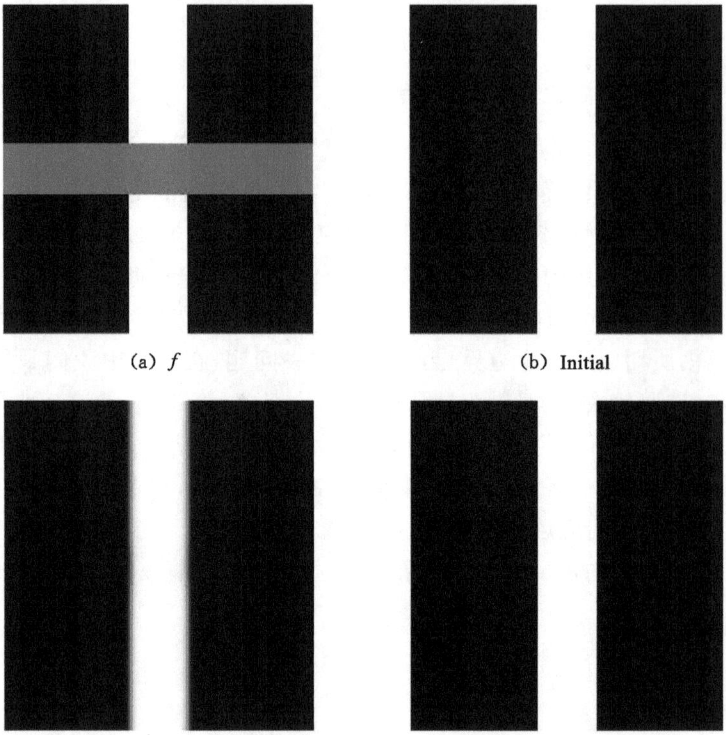

图 5-2　初始被遮挡和未被遮挡图像及分别采用凸分裂算法和 TFPM 算法修复的图像结果

5.3.2　算例 2

我们考虑修复含有大块遮挡的图像,先考虑一幅黑白条状相间的合成图像"Strips-chu",其边界均呈直线且中间被遮挡部分的宽度较大,如图 5-3 所示。图 5-3(a)和图 5-3(b)为初始被遮挡的图像和未被遮挡的图像。图 5-3(c)和图 5-3(d)为分别采用凸分裂算法和 TFPM 方法修复的图像。使用 TFPM 求解的过程中,我们选取参数 $\lambda = 10$,$\tau = 0.1$。第一步中选取参数 $\epsilon = 2$,第二步中选取参数 $\epsilon = 0.05$。使用凸分裂算法求解的过程中,我们选取文献[2] 中使用的参数值:$C_1 = 3E2$,$C_2 = 15E4$,$\tau = 0.01$,$\lambda = 4E4$。第一步中选取参数 $\epsilon = 1.8$,第二步中选取参数 $\epsilon = 0.05$。

上面两个案例中的图像灰度变化的地方均呈直线,下面我们考虑一个圆面

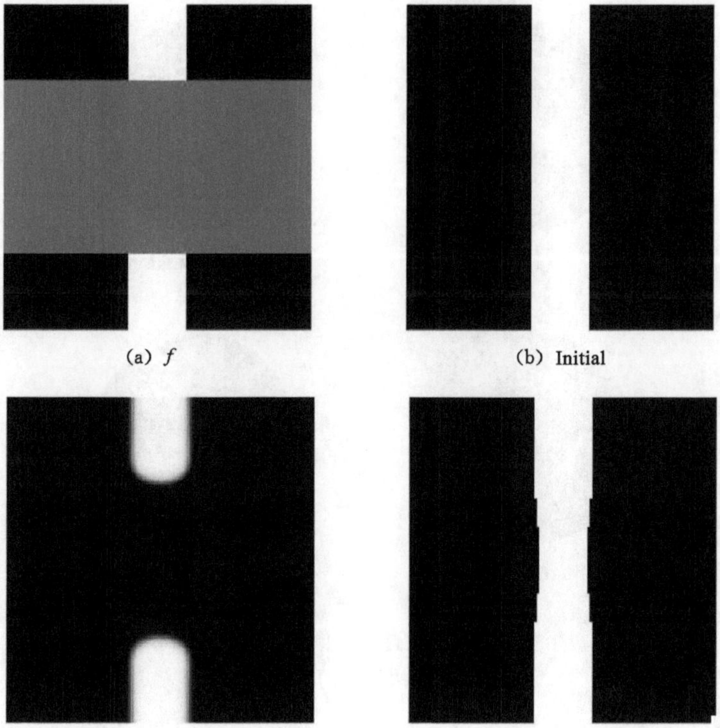

(a) f (b) Initial

(c) u(Convex Split) (d) u(TFPM)

图 5-3 初始被遮挡和未被遮挡图像及分别采用凸分裂算法和 TFPM 算法修复的图像结果

被一个矩形遮挡,即边界呈曲线的图像的修复,如图 5-4 所示。图 5-4(a)和图 5-4(b)是初始被遮挡的图像和未被遮挡的图像。图 5-4(c)和图 5-4(d)展示分别采用凸分裂算法和 TFPM 方法修复的图像。使用 TFPM 求解的过程中,我们选取参数 $\lambda = 10$,$\tau = 0.1$,第一步中选取参数 $\epsilon = 300$,第二步中选取参数 $\epsilon = 0.01$。使用凸分裂算法求解的过程中,我们选取文献[2] 中使用的参数值:$C_1 = 1E7$,$C_2 = 3E9$,$\tau = 0.01$,$\lambda = 1E9$,第一步中选取参数 $\epsilon = 300$,第二步中选取参数 $\epsilon = 0.01$。由图 5-3 和图 5-4 可见,量身定做有限点方法能够在不破坏有效信号的前提下将含有大范围缺失的图像基本恢复出其该有的灰度信息,并且边界清晰;而使用凸分裂算法修复的图像,不能很好地保留白黑分离的边界,不能恢复出原始图像中的大范围缺失部分的灰度信息。

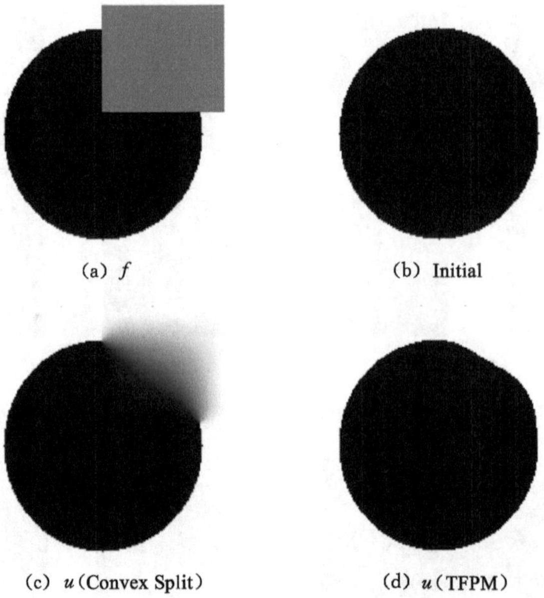

(a) f　　(b) Initial

(c) u(Convex Split)　　(d) u(TFPM)

图 5-4　初始被遮挡和未被遮挡图像及分别采用凸分裂算法和 TFPM 算法修复的图像结果

5.3.3　算例 3

我们考虑 Tsinghua University 两个英文单词分别被划了一条长划痕，如图 5-5 所示。图 5-5(a)和图 5-5(b)为初始被遮挡的图像和未被遮挡的图像。图 5-5(c)和图 5-5(d)为分别采用凸分裂算法和 TFPM 方法修复的图像。使用 TFPM 求解的过程中，我们选取参数 $\lambda = 10$，$\tau = 0.1$。第一步中选取参数 $\epsilon = 2$，第二步中选取参数 $\epsilon = 0.01$。使用凸分裂算法求解的过程中，我们选取文献[2]中使用的参数值：$C_1 = 1\mathrm{E}7$，$C_2 = 3\mathrm{E}9$，$\tau = 0.01$，$\lambda = 1\mathrm{E}9$。第一步中选取参数 $\epsilon = 0.5$，第二步中选取参数 $\epsilon = 0.01$。由图 5-5 可见，量身定做的有限点方法(TFPM)和凸分裂算法都能够修复两个单词上的划痕，但 TFPM 修复得更精细，相对地，凸分裂算法修复得较粗糙。很明显地，在单词字母中间的划痕处，凸分裂算法虽然将单词字母补充完整，但修补处较模糊，而 TFPM 能够在不破坏待修复区域外有效信号的前提下将缺失图像恢复出其该有的灰度信息，且边界清晰。

(a) f　　(b) Initial

(c) u(Convex Split)　　(d) u(TFPM)

图 5-5　初始被遮挡和未被遮挡图像及分别采用凸分裂算法和TFPM算法修复 的图像结果

5.3.4　算例 4

我们考虑含有一只蝴蝶的整幅图像上被随意撒很多黑色散点，或成片或分散，如图 5-6 所示。图 5-6(a)和图 5-6(b)为初始被遮挡的图像和未被遮挡的图像。图 5-5(c)和图 5-5(d)为分别采用凸分裂算法和 TFPM 方法修复的图像。使用 TFPM 求解的过程中，我们选取参数 $\lambda = 10$，$\tau = 0.1$。第一步中选取参数 $\epsilon = 300$，第二步中选取参数 $\epsilon = 0.01$。使用凸分裂算法求解的过程中，我们选取文献[2] 中使用的参数值：$C_1 = 1\mathrm{E}7$，$C_2 = 3\mathrm{E}9$，$\tau = 0.01$，$\lambda = 1\mathrm{E}9$。第一步中选取参数 $\epsilon = 1.8$，第二步中选取参数 $\epsilon = 0.01$。由图 5-6 可见，对于待修复区域是一些散点的图像修复，量身定做有限点方法依然比凸分裂算法更有效，在将散点去除的同时，修复的图像更清晰。

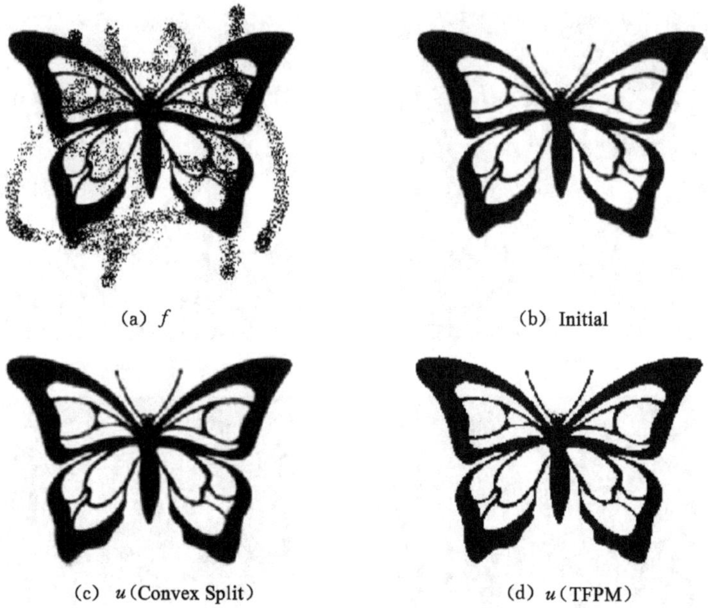

图 5-6　初始被遮挡和未被遮挡图像及分别采用凸分裂算法和
TFPM 算法修复 的图像结果

5.3.5　算例 5

我们考虑一幅真实的被新闻报道遮挡的图像，如图 5-7 所示，我们的目的是将图片前景中所有的英文单词去除，得到清晰的背景图片。图 5-7(a)和图 5-7(b)为初始被遮挡的图像和遮挡区域。图 5-7(c)和图 5-7(d)为分别采用凸分裂算法和 TFPM 方法修复的图像。使用 TFPM 求解的过程中，我们选取参数 $\lambda=100$，$\tau=0.01$。第一步中选取参数 $\epsilon=10$，第二步中选取参数 $\epsilon=0.1$。使用凸分裂算法求解的过程中，我们选取参数值：$C_1=1E7$，$C_2=3E9$，$\tau=0.01$，$\lambda=1E9$。第一步中选取参数 $\epsilon=0.5$，第二步中选取参数 $\epsilon=0.001$。由图 5-7 可见，对于含有大片遮挡的图像修复，凸分裂算法不能够得到清晰的修复效果，即在去除遮挡的同时模糊了待修复区域外的图像中的有效信号；而量身定做有限点方法可以在不破坏有效信号的前提下将缺失图像清晰恢复出其该有的灰度信息，并且边界清晰。除此之外，我们的算法 TFPM 仅有两个参数 ϵ 和 λ，且所代表含义清晰，容易被赋值；而凸分裂算法还有在进行凸分裂过程中产生的 C_1 和 C_2，这两个常数的出现导致了原始模型中的参数 ϵ 和 λ 所代表的意义不再突出，更加难以选取。

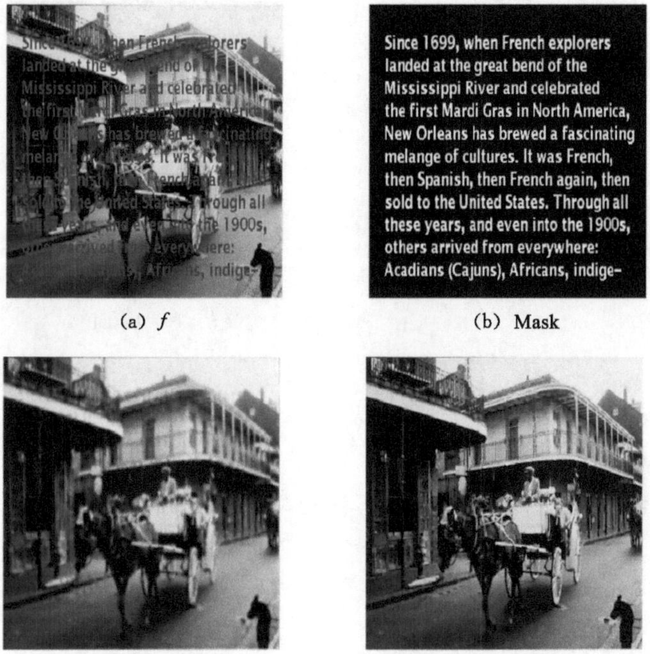

(a) f　　(b) Mask

(c) u(Convex Split)　　(d) u(TFPM)

图 5-7 初始被遮挡和未被遮挡图像及分别采用凸分裂算法和TFPM算法修复的图像结果

5.3.6 算例 6

我们考虑一幅真实的带有划痕的旧照片图像,如图 5-8 所示,目的是修复图片中的划痕区域。图 5-8(a)和图 5-8(b)为初始的带有划痕的图像和划痕区域。图 5-8(c)和图 5-8(d)为分别采用凸分裂算法和 TFPM 方法修复的图像。使用 TFPM 求解的过程中,我们选取参数 $\lambda = 10$,$\tau = 0.01$。第一步中选取参数 $\epsilon = 15$,第二步中选取参数 $\epsilon = 0.1$。使用凸分裂算法求解的过程中,我们选取参数值:$C_1 = 1E7$,$C_2 = 3E9$,$\tau = 0.01$,$\lambda = 1E9$。第一步中选取参数 $\epsilon = 1$,第二步中选取参数 $\epsilon = 0.01$。由图 5-8 可以明显看出,使用凸分裂算法修复的图像中三个孩子的眼睛很模糊,而使用量身定做有限点方法修复的图像与原始图像在待修复区域外的图像信号一致。这是由于原始模型中保真项保证了在待修复区域外图像信号不变,且 TFPM 使用了原始模型的基解空间构造数值格式,使得数值解更加逼近真解。

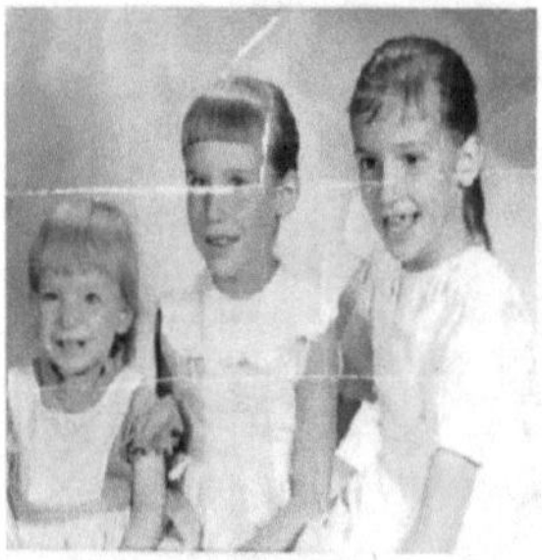

(a) f

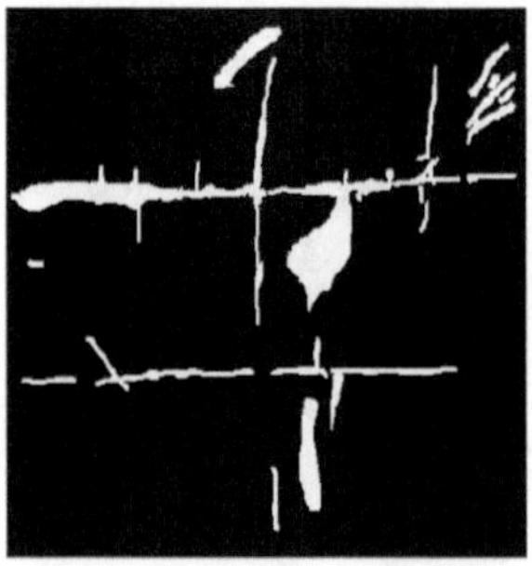

(b) Initial

(c) u(Convex Split)

(d) u(TFPM)

图 5-8　初始被遮挡和未被遮挡图像及分别采用凸分裂算法和 TFPM 算法修复 的图像结果

5.3.7　算例 7

我们考虑一幅真实的彩色的被新闻报道遮挡的图像，如图 5-9 所示。我们的目的是将彩色图片前景中所有的红色英文单词去除，得到清晰的彩色背景图片。我们将彩色图像看作三维灰度图像，由于三个维度上的灰度值没有关联，因此我们采用并行计算。使用 TFPM 求解的过程中，我们选取参数 $\lambda=100$，$\tau=0.01$。第一步中选取参数 $\epsilon=10$，第二步中选取参数 $\epsilon=0.1$。使用凸分裂算法求解的过程中，我们选取参数值：$C_1=1E7$，$C_2=3E9$，$\tau=0.01$，$\lambda=1E9$。第一步中选取参数 $\epsilon=0.5$，第二步中选取参数 $\epsilon=0.001$。由图 5-9 可见，凸分裂算法即便在 ϵ 选取很小的前提下依然不能够得到清晰的修复效果，即在去除遮挡的同时模糊了待修复区域外的图像中的有效信号。这是由于凸分裂算法不能很好地计算奇异摄动问题；而量身定做有限点方法能够在不破坏有效信号的前提下将缺失图像清晰恢复出其该有的灰度信息，并且边界清晰。除此之外，我们的算法 TFPM 仅有两个参数 ϵ 和 λ，且所代表含义清晰，容易被赋值；而凸分裂算法还有在进行凸分裂过程中产生的C_1和C_2，这两个常数的出现导致了原始模型中的参数ϵ和λ所代表的意义不再突出，更加难以选取。

(a) f　(b) Mask

(c) u(Convex Split)　(d) u(TFPM)

图 5-9　初始被遮挡和未被遮挡图像及分别采用凸分裂算法和TFPM算法修复的图像结果

5.3.8　算例 8

我们考虑一幅真实的图像，其中一只彩色的鹦鹉被关在笼子内，从笼子外面拍摄得到被笼子遮挡的彩色鹦鹉图像，如图 5-10 所示。我们的目的是将彩色图片前景中所有的笼子栅栏去除，得到清晰的彩色鹦鹉图片。对于彩色图像，我们依然采用并行处理。使用 TFPM 求解的过程中，我们选取参数$\lambda = 50$，$\tau = 0.2$。第一步中选取参数$\epsilon = 500$，第二步中选取参数$\epsilon = 0.2$。使用凸分裂算法求解的过程中，我们选取参数值：$C_1 = 1E7$，$C_2 = 3E9$，$\tau = 0.1$，$\lambda = 5E9$。第一步中选取参数$\epsilon = 1$，第二步中选取参数$\epsilon = 0.1$。由图 5-10 可见，凸分裂算法即便在ϵ选取很小的前提下依然不能得到清晰的修复效果，即在去除栅栏遮挡的同时模糊了待修复区域外的鹦鹉羽毛中的有效信号，这依然是由于凸分裂算法不能够很好地计算奇异摄动问题。此外，我们的算法 TFPM 仅有两个参数ϵ和λ，且所代表含义清晰，容易被赋值；而凸分裂算法还有在进行凸分裂过程中产生的C_1和C_2，这两个常数的出现导致了原始模型中的参数ϵ和λ所代表的意义不再突出，更加难以选取。

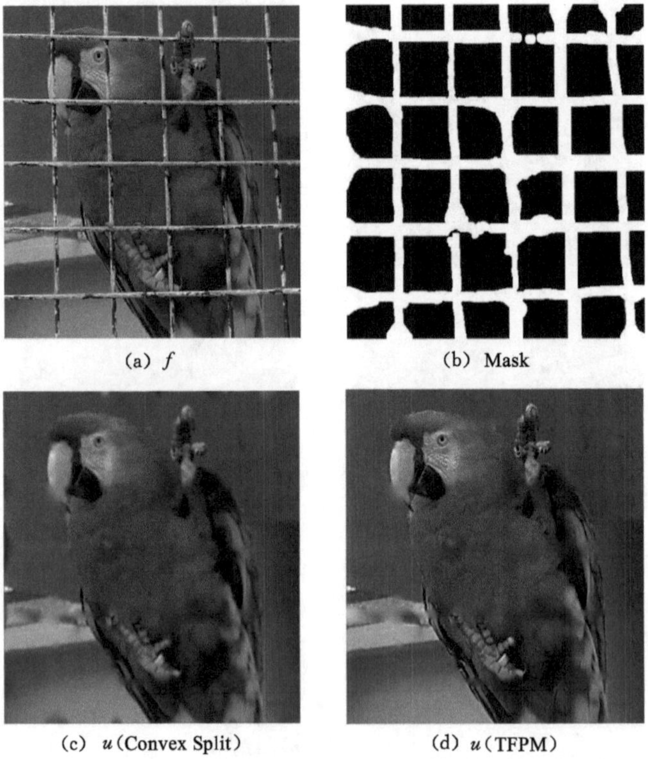

图 5-10　初始被遮挡和待修复区域图像及分别采用凸分裂算法和TFPM算法修复的图像结果

5.4　本章小结

本章提出了用于二值图像和灰度图像修复问题的修正 Cahn-Hilliard 模型的新的数值格式。首先将四阶方程转化为两个耦合的二阶抛物型问题，对于含有小参数ϵ的方程采用量身定做的有限点方法求解。整个计算过程分为两步：第一步，选取较大的ϵ，使得u快速扩散，求解方程(5-1)达到稳态；第二步，选取较小的ϵ，有助于定位区域的边界，求解方程(5-1)直至达到新的稳定状态。与凸分裂算法相比，TFPM 算法的优点有：

(1) 只需选取原始模型中的两个参数 ϵ 和 λ，并且每个参数所代表的含义清晰，而凸分裂算法还需要确定凸分裂带来的两个常数 C_1 和 C_2 的选取，并且 ϵ 和 λ 所代表的含义不再突出。

(2) TFPM 算法只需要调整两次 ϵ 的取值即可。第一次选取较大的 ϵ，使得扩散速度较快；第二次选取较小的 ϵ，使得图像在待修复区域外信号不变，且边界更加清晰，而凸分裂算法需要从大到小不断调整 ϵ 的取值。

(3) TFPM 能够有效求解 $\epsilon \ll 1$ 对应的奇异摄动问题。这是因为 TFPM 在构造数值格式时使用了原局部约化问题的基解函数，而凸分裂算法通常在离散拉普拉斯算子时采用的是多项式插值，其求解含有小参数 ϵ 的奇异摄动问题时会在问题的边界层/内层上产生伪振荡，即凸分裂算法不能保证图像在待修复区域外的信号不丢失，并且边界较模糊。我们进行了多组二值图像、灰度图像和彩色图像的数值实验，结果表明，使用 TFPM 数值求解方案能够修复含有更大区域缺失的图像，并且相较于凸分裂算法，能够在不破坏有效信号的前提下将缺失图像恢复出其原有的灰度信息，并且边界更为清晰。

第 6 章　图像超分辨率重建

6.1　基于全变分的图像超分辨率重建

6.1.1　基于全变分的图像超分辨率重建模型

Markina 和 Osher 提出了一种基于全变分的图像超分辨率正则化模型，为简单起见，此模型缩写为 MO 模型。假设

$$f=\widetilde{D}(K*u)+\eta$$

式中，Ω_L 为 $\Omega\subset\mathbb{R}^2$ 的子集；f 为定义在Ω_L 上的低分辨率图像；u 为定义在 Ω 上的待复原的高分辨率图像；$\widetilde{D}$ 为下采样线性算子；K 为线性模糊算子；η 为高斯噪声。

令 $\hat{u}$ 为在给定低分辨率图像 f 下的 u 的极大似然值，即 $\hat{u}=\arg\max\limits_u P(u\mid f)=\{\forall\ \hat{u}:P(\hat{u}\mid f)\leqslant P(u\mid f)\}$。根据贝叶斯定理，

$$\max_u P(u\mid f)\Leftrightarrow\max_u P(u)P(f\mid u)\Leftrightarrow\min_u\{-\log P(u)-\log P(f\mid u)\}\tag{6-1}$$

MO 模型是最大后验估计法，采用估计 $P(u)=\exp\left(-\alpha\int_\Omega|\nabla u|\right)$，其中 α 为调节模型的比例参数。再根据高斯分布的概率密度函数

$$P(f\mid u)=P(f;u,\sigma)=\frac{1}{\sqrt{2\pi\sigma^2}}\exp\left\{-\frac{[f-\widetilde{D}(K*u)]^2}{2\sigma^2}\right\}\tag{6-2}$$

就得到了基于全变分的图像超分辨率重建模型[57]：

$$\min_u E(u)=\min_u\alpha\int_\Omega|\nabla u|\mathrm{d}x+\frac{1}{2\sigma^2}\int_\Omega(f-\widetilde{D}(K*u))^2\mathrm{d}x+\frac{|\Omega|}{2}\log(2\pi\sigma^2)\tag{6-3}$$

等价于

$$\min_u E(u)=\min_u\int_\Omega|\nabla u|\mathrm{d}x+\frac{\lambda}{2}\int_\Omega(f-\widetilde{D}(K*u))^2\mathrm{d}x\tag{6-4}$$

式中，$\lambda = \dfrac{1}{\sigma^2 \alpha}$。

6.1.2　模型解的存在性

定理 6.1.1　假设 $f \in L^2(\Omega)$，Ω 有界，$\partial\Omega$ 是 Lipschitz 连续的，$\widetilde{D}$ 和 K 均为有界单射算子，则极小值问题

$$\inf_{u \in BV(\Omega)} F(u) \tag{6-5}$$

存在解 $u \in BV(\Omega)$。

证明　设 C 为一个正常数，不同行可以不一样。构建一个极小化序列 u_n，即序列 u_n 满足

$$\lim_{n\to\infty} F(u_n) = \inf_{u \in BV(\Omega)} F(u)$$

则有：

$$|Du_n|(\Omega) = \int_\Omega |\nabla u_n| \mathrm{d}x + |D_s u_n|(\Omega) \leqslant C \tag{6-6}$$

$$\int_\Omega [(\widetilde{D}(K * u_n) - f)^2] \mathrm{d}x \leqslant C \tag{6-7}$$

令 $w_n = \left(\dfrac{1}{|\Omega|}\int_\Omega u_n \mathrm{d}x\right)\chi_\Omega$，$\nu_n = u_n - w_n$，则 $\int_\Omega \nu_n \mathrm{d}x = 0$，$Du_n = D\nu_n$，因此 $|D\nu_n|(\Omega) \leqslant C$。根据 Poincaré-Wirtinger 不等式

$$\| \nu_n \|_{L^2(\Omega)} \mathrm{d}x \leqslant C \tag{6-8}$$

可以得到如下估计

$$\begin{aligned} C &\geqslant \int_\Omega [(\widetilde{D}(K * u) - f)^2] \mathrm{d}x \\ &= \| \widetilde{D}(K * (\nu_n + w_n)) - f \|_2^2 \\ &\geqslant \| \widetilde{D}(K * w_n) \|_2 (\| \widetilde{D}(K * w_n) \|_2 - 2 \| \widetilde{D}(K * \nu_n) - f \|_2) \end{aligned}$$

因此，$\| \widetilde{D}(K * w_n) \|_2 \leqslant C$。若存在 $\| w_{ni} \|_2 \to \infty$，我们假设 $w'_{ni} = \dfrac{w_{ni}}{\| w_{ni} \|_2}$，则 $\| w'_{ni} \|_2 = 1$，$w'_{ni} \to w_0$，其中 w_0 是一个单位球面。因此，根据 $\widetilde{D}(K * w'_{ni}) \to \widetilde{D}(K * w_0) = 0$，有 $w_0 = 0$，产生矛盾。从而，$\| w_n \|_2 = \left|\int_\Omega u_n \mathrm{d}x\right| \dfrac{\| \chi_\Omega \|_2}{|\Omega|} \leqslant C$。再根据

$$\| u_n \|_{L^2(\Omega)} = \| \nu_n + w_n \|_{L^2(\Omega)} \leqslant \| \nu_n \|_{L^2(\Omega)} + \| w_n \|_{L^2(\Omega)} \leqslant C$$

有 $u_n \in L^2(\Omega)$，即 u_n 在 $BV(\Omega)$ 中有界。假设 $M(\Omega)$ 是所有符号测度在 Ω 上的有界变差集合。根据 u_n 在 $L^2(\Omega)$ 和 $BV(\Omega)$ 上都有界，$BV(\Omega)$ 在 $L^2(\Omega)$ 上相对

紧支，从而存在 $\exists\{u_{n_j}\}\subset\{u_n\}, u\in BV(\Omega)$，使得

$$u_{n_j}\xrightarrow{L^2}u, u_{n_j}\xrightarrow{BV-w*}u \text{ in } BV(\Omega), Du_{n_j}\xrightarrow{*}_{\mathcal{M}}Du$$

最后，根据下班连续性定理[97]，可以得到：

$$F(u)\leqslant\lim_{j\to\infty}\inf F(u_{n_j}) \tag{6-9}$$

即 u 为 F 的极小值点。 □

6.1.3 ALM-TFPM 算法

下面，我们介绍求解 MO 模型的增广拉格朗日方法[57,98]：

$$E(u)=\int_\Omega|\nabla u|\mathrm{d}x+\frac{\lambda}{2}\int_\Omega(f-\widetilde{D}(K*u))^2\mathrm{d}x$$

首先，将上述泛函转化为约束优化问题：

$$\min_{p,u}=\int_\Omega|p|\mathrm{d}x+\frac{\lambda}{2}\int_\Omega(f-\widetilde{D}(K*u))^2\mathrm{d}x$$
$$\text{s.t.}\ \ p=\nabla u$$

然后，考虑如下增广拉格朗日泛函：

$$\mathcal{L}(u,p;\lambda_1)=\int_\Omega|p|\mathrm{d}x+\frac{\lambda}{2}\int_\Omega[f-\widetilde{D}(K*u)]^2\mathrm{d}x+\frac{\nu}{2}\int_\Omega|p-\nabla u|^2\mathrm{d}x+\int_\Omega\lambda_1\cdot(p-\nabla u)\mathrm{d}x \tag{6-10}$$

式中，$\nu>0$ 为在数值实现中选择的惩罚参数；$\lambda_1\in\mathbb{R}^2$ 为拉格朗日乘子。基于最优化理论，我们采用如下迭代算法寻找 $\mathcal{L}$ 的鞍点，对于 u 和 p，我们固定其中一个变量，并寻求关于另一个变量的子问题的一个极小值点，在 u 和 p 都更新后再更新拉格朗日乘子。重复该过程，直到两个变量都收敛。因此，我们考虑以下两个子问题的最小化求解：

$$\begin{cases}\varepsilon_1(u;\lambda_1)=\dfrac{\lambda}{2}\displaystyle\int_\Omega(f-\widetilde{D}(K*u))^2\mathrm{d}x+\dfrac{\nu}{2}\int_\Omega|p-\nabla u|^2\mathrm{d}x+\int_\Omega\lambda_1\cdot(p-\nabla u)\mathrm{d}x\\ \varepsilon_2(p;\lambda_1)=\displaystyle\int_\Omega|p|\mathrm{d}x+\dfrac{\nu}{2}\int_\Omega|p-\nabla u|^2\mathrm{d}x+\int_\Omega\lambda_1\cdot(p-\nabla u)\mathrm{d}x\end{cases}$$

下面，我们讨论如何获得这两个子问题的极小值点。

$$\varepsilon_2(p;\lambda_1)=\int_\Omega|p|\mathrm{d}x+\frac{\nu}{2}\int_\Omega\left|p-\left(\nabla u-\frac{\lambda_1}{\nu}\right)\right|^2\mathrm{d}x+\widetilde{C}$$

式中，$\widetilde{C}=\frac{\nu}{2}|\nabla u|^2-\lambda_1\cdot\nabla u+\frac{\nu}{2}\lambda_1^2$ 关于 p 独立。因此 $\varepsilon_2(p;\lambda_1)$ 的最小值点为

$$\text{Arg min}_p\,\varepsilon_2(p;\lambda_1)=\max\left\{0,1-\frac{1}{\nu|p^*|}\right\}p^* \tag{6-11}$$

式中，$p^* = \nabla u - \frac{\lambda_1}{\nu}$。$\varepsilon_1(u;\lambda_1)$ 的最小值解没有封闭形式，因此可由其欧拉-拉格朗日方程确定，

$$-\nu\Delta u + \lambda \widetilde{K} * S \circ \widetilde{D}(K * u) = \lambda \widetilde{K} * S(f) - \nabla_x(\nu p_x + \lambda_{1,x}) - \nabla_y(\nu p_y + \lambda_{1,y})$$

令 $B_1 = \lambda \widetilde{K} * S(f) - \nabla_x(\nu p_x + \lambda_{1,x}) - \nabla_y(\nu p_y + \lambda_{1,y})$，$B = \lambda\left[u - \widetilde{K} * S \circ \widetilde{D}(K * u)\right] + B_1$，则欧拉-拉格朗日方程可以简化为：

$$-\nu\Delta u + \lambda u = B \tag{6-12}$$

采用量身定做有限点方法，我们得到其数值格式为

$$u_{ij}^{n+1} - \frac{1}{4\cosh^2\left(\frac{\mu_0 h}{2}\right)}\left(u_{i+1,j}^{n+1} + u_{i-1,j}^{n+1} + u_{i,j+1}^{n+1} + u_{i,j-1}^{n+1}\right) = \frac{B}{\lambda}\left(1 - \frac{1}{\cosh^2\left(\frac{\mu_0 h}{2}\right)}\right) \tag{6-13}$$

式中，$\mu_0 = \sqrt{\frac{\lambda}{\nu}}$，且参数 ν 可选取小一些。我们可以将式(6-13)改写为：

$$\boldsymbol{A}\boldsymbol{U}^{n+1} = \boldsymbol{F}^n$$

式中，$\boldsymbol{A}$ 为严格对角占优矩阵，因此算法收敛且无条件稳定。由此得到的五对角常系数线性方程可以由 BICGSTAB 快速求解。

算法 4　求解所提出的模型(6-14)的最小值点的 ALM 和 TFPM 相结合的方法。

1. 初始化：$u^0 = f, p^0, \lambda_1^0$。对于 $k \geqslant 1$，重复以下步骤(步骤 2～4)。
2. 固定拉格朗日乘子 λ_1^k，采用方程(6-11) 和方程(6-30) 计算相关子问题的最小值点 u^k 和 p^k。
3. 更新拉格朗日乘子 λ_1^{k-1}：

$$\lambda_1^k = \lambda_1^{k-1} + \nu(p^k - \nabla u^k)$$

4. 估计相对残差[式(6-36)]，如果它们小于给定的阈值 ϵ_r，则停止迭代。

6.2　改进的基于全变分的图像超分辨率重建

6.2.1　改进的基于全变分的图像超分辨率重建模型

同 ROF 模型一样，MO 模型也会受到阶梯效应的影响而导致视觉上不愉快的结果。为了解决阶梯现象，已经发展了许多高阶变分模型，其中包括总广义变分、Euler 弹性、非线性四阶扩散项、二阶导数作为正则化子[58-60]，这些模型是比全变分模型更复杂的模型。最近，在文献[61]中，ROF 模型的一个变体被提出用于图像

去噪,其中不同类型的正则化器被应用于具有不同图像梯度大小的区域。具体来说,L^p-图像梯度的范数($p>1$)用于梯度幅度较小的区域,而原始的全变分项施加在梯度幅度较大的区域。本章将这一思想应用于图像超分辨率重建。

通常,通过应用 ROF 模型,阶梯现象通常是不可避免的,这主要是受基于全变分的正则化器的影响。并且我们注意到这种效应通常发生在图像梯度相对较小的区域。为了减少阶梯效应[61],我们提出了一种用于图像超分辨率的改进的 MO 模型[57]。假设

$$f = \widetilde{D}(K * u) + \eta$$

式中,f 为定义在 Ω_L 中的低分辨率图像;Ω_L 为 $\Omega \subset \mathbb{R}^2$ 的子集;u 为定义在 Ω 上的未知的高分辨率图像;$\widetilde{D}$ 为值域为低分辨率图像,定义域为高分辨率图像的下采样线性算子;K 为线性模糊算子;η 为高斯噪声。

假设 $\hat{u}$ 为在给定低分辨率图像 f 下的 u 的最可能值,即 $\hat{u} = \arg\max\limits_u P(u \mid f) = \{\forall\ \hat{u}: P(\hat{u} \mid f) \leqslant P(u \mid f)\}$。通过贝叶斯定理,可以得到:

$$\max_u P(u \mid f) \Leftrightarrow \max_u P(u)P(f \mid u) \Leftrightarrow \min_u\{-\log P(u) - \log P(f \mid u)\}$$

在这项工作中,我们考虑了一个新的优化项

$$P(u) = \exp\left(-\alpha\int_\Omega \varphi_a(|\nabla u|)\right)$$

式中,α 为调整模型的比例参数;$\varphi_a(x)$ 为一个新的势函数,定义如下:

$$\varphi_a(x) = \begin{cases} \dfrac{1}{2a}x^2, & |x| \leqslant a \\ |x| - \dfrac{1}{2}a, & |x| > a \end{cases}$$

式中,a 是一个正参数。又因为高斯分布具有概率密度,

$$P(f \mid u) = P(f; u, \sigma) = \frac{1}{\sqrt{2\pi\sigma^2}}\exp\left\{-\frac{(f - \widetilde{D}(K * u))^2}{2\sigma^2}\right\}$$

我们提出如下图像超分辨率

$$\min_u E(u) = \min_u \alpha\int_\Omega \varphi_a(|\nabla u|)\mathrm{d}x + \frac{1}{2\sigma^2}\int_\Omega (f - \widetilde{D}(K * u))^2\mathrm{d}x + \frac{|\Omega|}{2}\log(2\pi\sigma^2)$$

等价于

$$\min_u E(u) = \min_u \int_\Omega \varphi_a(|\nabla u|)\mathrm{d}x + \frac{\lambda}{2}\int_\Omega (f - \widetilde{D}(K * u))^2\mathrm{d}x \tag{6-14}$$

式中,$\lambda = \dfrac{1}{\sigma^2\alpha}$,势函数 φ_a 为:

$$\varphi_a(x)=\begin{cases}\dfrac{1}{2a}x^2, & |x|\leqslant a\\ |x|-\dfrac{1}{2}a, & |x|>a\end{cases}$$

参数 $a>0$ 定义在具有较小或较大幅度的图像梯度的区域。一方面，在 $|\nabla u|>a$ 区域中，采用全变差作为正则项来保持边界；另一方面，在 $|\nabla u|\leqslant a$ 区域中，利用 Tikhonov 正则化子对该区域中的 u 施加平滑约束，可以减轻阶梯效应。事实上，当 $a=0$ 时，我们的模型退化为图像超分辨率模型的 MO 模型[57]。可以很容易地验证函数 φ_a 在 $\mathbb{R}$ 上是凸的。我们给出了全变分正则项，Tikhonov 正则项的势函数图以及改进的基于全变分的正则项（$a=2$），如图6-1所示。

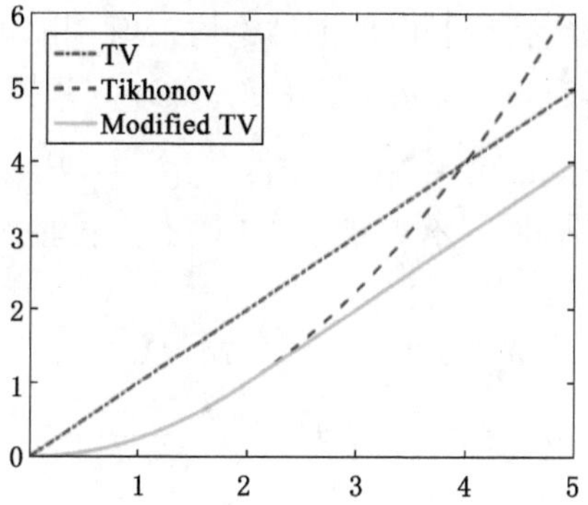

图 6-1　势函数

6.2.2　模型解的存在性

本小节对基于全变分的图像超分辨率重建模型解的存在性进行理论上的分析：

$$\inf_{u\in BV(\Omega)}\int_\Omega \varphi_a(|Du|)\mathrm{d}x+\frac{\lambda}{2}\int_\Omega [f-\widetilde{D}(K*u)]^2\mathrm{d}x$$

若 u 属于 $BV(\Omega)$，由勒贝格分解定理，有：

$$Du=\nabla u\mathrm{d}x+D_s u \tag{6-15}$$

式中，$\mathrm{d}x$ 为 N- 维勒贝格测度，$\nabla u=\dfrac{\mathrm{d}(Du)}{\mathrm{d}x}\in L^1(\Omega)$，$D_s u\perp \mathrm{d}x$。我们记近似上限为$u^+(x)$，近似下限为$u^-(x)$。

$$\begin{cases}u^+(x)=\inf\left\{t\in[-\infty,+\infty];\lim\limits_{r\to 0}\dfrac{\mathrm{d}x(\{u>t\}\cap B(x,r))}{r^N}=0\right\}\\ u^-(x)=\sup\left\{t\in[-\infty,+\infty];\lim\limits_{r\to 0}\dfrac{\mathrm{d}x(\{u<t\}\cap B(x,r))}{r^N}=0\right\}\end{cases}$$

记 S_u 为跳集，即 $S_u = \{x \in \Omega : u^-(x) < u^+(x)\}$，则 S_u 可数。对于 $\mathcal{H}^{N-1}$ — a. e. $x \in \Omega$，记单位法向量为 $n_u(x)$，则：

$$Du = \nabla u \mathrm{d}x + (u^+ - u^-) n_u \cdot \mathcal{H}^{N-1}_{\lfloor S_u} + C_u \tag{6-16}$$

式中，$J_u = (u^+ - u^-) n_u \cdot \mathcal{H}^{N-1}_{\lfloor S_u}$ 是跳的部分，C_u 是$D_s u$ 的 Cantor 部分。我们可导出 Du 的全变差为：

$$|Du|(\Omega) = \int_\Omega |\nabla u| \mathrm{d}x + \int_{S_u} |u^+ - u^-| d\,\mathcal{H}^{N-1} + \int_{\Omega - S_u} |C_u| \mathrm{d}x \tag{6-17}$$

且有如下性质[74]：

$$u \to |Du|(\Omega) \text{下半连续，在 BV} - \text{w} * \text{ 拓扑下} \tag{6-18}$$

因此 $\varphi(|Du|) = |Du|$ 可推广到更一般的情形，即当 φ 是凸的、偶的，在 R^+ 上非减，在无穷远处线性增长时以上结论均正确。由 $W^{1,1}(\Omega)$ 在 $BV(\Omega)$ 中稠[94]，则 $\forall u \in BV(\Omega)$，存在$\{u_j\}_{j \geqslant 1} \in C^\infty(\Omega) \cap W^{1,1}(\Omega)$，使得

$$u_j \xrightarrow{\text{BV} - \text{w}^*} u \quad \text{as} \quad J \longrightarrow \infty \tag{6-19}$$

根据 Poincaré-Wirtinger 不等式[95]，$BV(\Omega)$ 能够连续嵌入到 $L^p(\Omega)$，即 $\forall u \in BV(\Omega)$，存在 $M > 0$ 使得

$$\| u - \bar{u} \|_{L^p(\Omega)} \leqslant M |Du|(\Omega)$$

式中，$\bar{u} = \dfrac{1}{|\Omega|}\displaystyle\int_\Omega u(x)\mathrm{d}x$。当 $N > 1$ 时，$p = \dfrac{N}{N-1}$；当 $N = 1$ 时，$p < \infty$。在下面的证明中，我们仅考虑 $N = 2, p = 2$ 的情形。

定义

$$F(u) = \frac{\lambda}{2}\int_\Omega (\widetilde{D}(K * u) - f)^2 \mathrm{d}x + \int_\Omega \varphi_a(|Du|)\mathrm{d}x \tag{6-20}$$

则 $F(u)$ 在$L^p(\Omega)$ 中是下半连续的。

在下面的定理中，我们给出极小化能量泛函 $F(u)$ 的存在性证明。事实上，该问题的存在唯一性已经在文献[15]的定理 1 和文献[96]中的定理 1、2 中被验证。这里给出了解存在性的一种新的验证方法。

定理 6.2.1 假设 $f \in L^2(\Omega)$，Ω 有界，$\partial\Omega$ 为 Lipschitz 连续，$\widetilde{D}$ 和 K 为有界单射算子，则下述极小化问题

$$\inf_{u \in BV(\Omega)} F(u) \tag{6-21}$$

存在解 $u \in BV(\Omega)$。

证明 下面设 $C > 0$ 为正的常数，不同行可以不一样。构建一个极小化序列u_n，即一个序列满足

$$\lim_{n \to \infty} F(u_n) = \inf_{u \in BV(\Omega)} F(u)$$

则有：

$$\varphi_a(|Du_n|)(\Omega)=\int_\Omega \varphi_a(|Du_n|)\mathrm{d}x\leqslant C$$

$$\int_\Omega[(\widetilde{D}(K*u_n)-f)^2]\mathrm{d}x\leqslant C$$

首先,我们验证下列关系式:

$$|Du_n|(\Omega)=\int_\Omega|\nabla u_n|\mathrm{d}x+|D_s u_n|(\Omega)\leqslant C$$

记 $\Omega=\Omega_1\cup\Omega_2$,其中 $\Omega_1=\{|Du(x)|\leqslant a,x\in\Omega\}$, $\Omega_2=\Omega\backslash\Omega_1$,则

$$\begin{aligned}|Du_n|(\Omega)&=\int_\Omega|Du|\mathrm{d}x+\int_\Omega|Du|\mathrm{d}x\\&\leqslant a|\Omega_1|+\int_\Omega\varphi_a(|Du|)\mathrm{d}x+\frac{a}{2}|\Omega_2|-\int_{\Omega_1}\frac{|Du|^2}{2a}\mathrm{d}x\\&\leqslant C+\frac{3a}{2}|\Omega|\end{aligned}$$

设 $w_n=\left(\frac{1}{|\Omega|}\int_\Omega u_n\mathrm{d}x\right)\chi_\Omega$,$\nu_n=u_n-w_n$,则 $\int_\Omega\nu_n\mathrm{d}x=0$ 和 $Du_n=D\nu_n$,从而 $|D\nu_n|(\Omega)\leqslant C$。根据 Poincaré-Wirtinger 不等式

$$\|\nu_n\|_{L^2(\Omega)}\mathrm{d}x\leqslant C$$

得到如下估计:

$$\begin{aligned}C&\geqslant\int_\Omega(\widetilde{D}(K*u)-f)^2\mathrm{d}x\\&=\|\widetilde{D}(K*(v_n+w_n))-f\|_2^2\\&\geqslant\|\widetilde{D}(K*w_n)\|_2(\|\widetilde{D}(K*w_n)\|_2-2\|\widetilde{D}(K*v_n)-f\|_2)\end{aligned}$$

因此,$\|\widetilde{D}(K*w_n)\|_2\leqslant C$。若存在 $\|w_{ni}\|_2\to\infty$,我们假设 $w'_{ni}=\frac{w_{ni}}{\|w_{ni}\|_2}$,则 $\|w'_{ni}\|_2=1$,$w'_{ni}\to w_0$,其中 w_0 为一单位球面。因此,根据 $\widetilde{D}(K*w'_{ni})\to\widetilde{D}(K*w_0)=0$,我们有 $w_0=0$,产生矛盾。因此,$\|w_n\|_2=\left|\int_\Omega u_n\mathrm{d}x\right|\frac{\|\chi_\Omega\|_2}{|\Omega|}\leqslant C$。又有

$$\|u_n\|_{L^2(\Omega)}=\|\nu_n+w_n\|_{L^2(\Omega)}\leqslant\|\nu_n\|_{L^2(\Omega)}+\|w_n\|_{L^2(\Omega)}\leqslant C$$

从而 $u_n\in L^2(\Omega)$,即 u_n 在 $BV(\Omega)$ 中有界。假设 $\mathcal{M}(\Omega)$ 为所有符号测度在 Ω 上的有界变差的集合。由 u_n 在 $L^2(\Omega)$ 和 $BV(\Omega)$ 上有界,$BV(\Omega)$ 在 $L^2(\Omega)$ 上相对紧支,从而存在 $\{u_{n_j}\}\subset\{u_n\}$,$u\in BV(\Omega)$ 使得

$$u_{n_j}\xrightarrow{L^2}u,u_{n_j}\xrightarrow{\mathrm{BV-w*}}u\quad\text{in}\quad\mathrm{BV}(\Omega),Du_{n_j}\xrightarrow[\mathcal{M}]{*}Du$$

由下半连续性定理[97]可以得到:

$$F(u)\leqslant \lim_{j\to\infty}\inf F(u_{n_j}) \tag{6-22}$$

即 u 为 F 的极小值点。 □

6.2.3 ALM-TFPM 算法

已有文献介绍了 ROF 模型和 MO 模型的许多快速算法,包括 Chan 等的原对偶方法、Chambolle 方法、Osher 等的分裂 Bregman 方法及 Wu 和 Tai 的增广拉格朗日方法。在某种意义上,这些格式使用多项式来逼近抛物型或椭圆型方程的解,必然会损失精度。在本章中,我们计划结合一种特殊的数值方法,称为定制有限点法(TFPM)[22],以获得比传统数值方法更精确的解。这有助于提高恢复图像的质量。TFPM 最初是由 Han、Huang 和 Kellogg 于 2008 年针对奇异摄动问题提出的。它确保了求解奇异摄动问题和非平衡辐射扩散方程的有效性。我们也已将该技术应用于图像去噪和图像分割中,取得了比标准方法更高的精度,且成本合理。因此,我们在使用增广拉格朗日方法求解所提出的模型时,使用 TFPM 方法来求解此过程中产生的椭圆型或抛物型方程。为了找到基于全变分的模型[方程(6-4)]的最小值,我们估计 E 在 u 处关于 ν 方向的方向导数:

$$\langle E'(u),\nu\rangle=\int E'(u)\nu \mathrm{d}x \tag{6-23}$$

显然,$\nu=-E'(u)$ 是最速下降方向,此时方向导数 $\langle E'(u),\nu\rangle$ 是负的,绝对值 $|\langle E'(u),\nu\rangle|$ 最大。由于子空间 $C_c^\infty(\Omega)$ 在 $L^2(\Omega)$ 中稠,由 $\langle E'(u),\nu\rangle=E'(u;\nu)=\frac{\mathrm{d}}{\mathrm{d}\lambda}E(u+\lambda\nu)|_{\lambda=0}$,对任给的 $\nu\in C_c^\infty(\Omega)$,我们有

$$E'(u)=\mathrm{div}\left(\varphi'_a\mid\nabla u\mid\frac{\nabla u}{|\nabla u|}\right)-\lambda\left[\widetilde{K}*S(f)-\widetilde{K}*S\circ\widetilde{D}(K*u)\right] \tag{6-24}$$

式中,$\widetilde{K}$ 为 K 的转置;S 为相对于 $\widetilde{D}$ 的转置(“上采样”)算子。因此,极小化能量泛函 E 的梯度流为

$$\frac{\partial u}{\partial t}=\mathrm{div}\left(\varphi_a'(|\nabla u|)\frac{\nabla u}{|\nabla u|}\right)+\lambda\left[\widetilde{K}*S(f)-\widetilde{K}*S\circ\widetilde{D}(K*u)\right] \tag{6-25}$$

具体来讲,可以直接利用相关的梯度流来求解这个方程。但它往往是昂贵的,这是由于稳定条件的时间步长的限制。接下来,我们应用增广拉格朗日方法来最小化基于全变分的模型。事实上,增广拉格朗日方法已被用于文献[57,58]中的 TV 模型。然而,正如前面所讨论的,我们将应用 TFPM 来求解得到的椭圆型或抛物型方程。准确地说,对于泛函(6-14)的最小化,我们提出了一个等价的约束优化问题,如下所示:

$$\min_{p,u}\int_{\Omega}\varphi_a(|p|)\mathrm{d}x+\frac{\lambda}{2}\int_{\Omega}[f-\widetilde{D}(K*u)]^2\mathrm{d}x$$
$$\text{s.t. } p=\nabla u$$

然后,考虑如下增广拉格朗日泛函:

$$\mathcal{L}(u,p;\lambda_1)=\int_{\Omega}\varphi_a(|p|)\mathrm{d}x+\frac{\lambda}{2}\int_{\Omega}(f-\widetilde{D}(K*u))^2\mathrm{d}x+\frac{\nu}{2}\int_{\Omega}|p-\nabla u|^2\mathrm{d}x+\int_{\Omega}\lambda_1\cdot(p-\nabla u)\mathrm{d}x \tag{6-26}$$

式中,$\nu>0$ 为在数值实现中选择的惩罚参数;$\lambda_1\in\mathbb{R}^2$ 为拉格朗日乘数。

基于最优化理论,我们需要找到 $\mathcal{L}$ 的鞍点,才能找到原函数 $E(u)$ 的极小值。为了找到 $\mathcal{L}$ 的鞍点,我们可以应用一个迭代算法:对于 u 和 p,我们固定其中的一个,修正另一个并寻找相关子问题的一个极小值点,然后在 u 和 p 都更新后,再更新拉格朗日乘子。将该过程重复,直到两个变量都收敛,这表明鞍点将被近似。因此,我们考虑以下两个子问题的最小化求解:

$$\varepsilon_1(u;\lambda_1)=\frac{\lambda}{2}\int_{\Omega}(f-\widetilde{D}(K*u))^2\mathrm{d}x+\frac{\nu}{2}\int_{\Omega}|p-\nabla u|^2\mathrm{d}x+\int_{\Omega}\lambda_1\cdot(p-\nabla u)\mathrm{d}x$$

$$\varepsilon_2(p;\lambda_1)=\int_{\Omega}\varphi_a(|p|)\mathrm{d}x+\frac{\nu}{2}\int_{\Omega}|p-\nabla u|^2\mathrm{d}x+\int_{\Omega}\lambda_1\cdot(p-\nabla u)\mathrm{d}x$$

$\varepsilon_1(u;\lambda_1)$ 的最小值解没有封闭形式,可由相应的欧拉-拉格朗日方程确定,如下所示:

$$-\nu\Delta u+\lambda\widetilde{K}*S\circ\widetilde{D}(K*u)=\lambda\widetilde{K}*S(f)-\mathrm{div}(\nu p+\lambda_1)$$

记 $B_1=\lambda\widetilde{K}*S(f)-\mathrm{div}(\nu p+\lambda_1)$,$B=\lambda\left[u^n-\widetilde{K}*S\circ\widetilde{D}(K*u^n)\right]+B_1$,欧拉-拉格朗日方程可约化为:

$$-\nu\Delta u^{n+1}+\lambda u^{n+1}=B \tag{6-27}$$

令

$$u(x,y)=\frac{B}{\lambda}+\nu(x,y)$$

则 ν 对应的方程为:

$$-\Delta\nu+\mu_0^2\nu=0$$

其中,$\mu_0=\sqrt{\dfrac{\lambda}{\nu}}$。令

$$H_4=\{\nu(x,y)\mid\nu=c_1\mathrm{e}^{-\mu_0x}+c_2\mathrm{e}^{\mu_0x}+c_3\mathrm{e}^{-\mu_0y}+c_4\mathrm{e}^{\mu_0y},\forall c_i\in\mathbb{R}\}$$

那么我们设计如下求解方案:

$$\alpha_1 V_1 + \alpha_2 V_2 + \alpha_3 V_3 + \alpha_4 V_4 + \alpha_0 V_0 = 0$$

式中，$V_j = \nu(x^j)$，使得对于任意的 $\nu \in H_4$，上述方程都成立。因此我们得到如下关系式成立：

$$\begin{cases} \alpha_1 \mathrm{e}^{-\mu_0 h} + \alpha_2 + \alpha_3 \mathrm{e}^{\mu_0 h} + \alpha_4 + \alpha_0 = 0 \\ \alpha_1 \mathrm{e}^{\mu_0 h} + \alpha_2 + \alpha_3 \mathrm{e}^{-\mu_0 h} + \alpha_4 + \alpha_0 = 0 \\ \alpha_1 + \alpha_2 \mathrm{e}^{-\mu_0 h} + \alpha_3 + \alpha_4 \mathrm{e}^{\mu_0 h} + \alpha_0 = 0 \\ \alpha_1 + \alpha_2 \mathrm{e}^{\mu_0 h} + \alpha_3 + \alpha_4 \mathrm{e}^{-\mu_0 h} + \alpha_0 = 0 \end{cases}$$

也就是说，对任意给定的 $0 \neq \alpha_0 \in \mathbb{R}$，方程组有唯一的解：

$$\alpha_1 = \alpha_2 = \alpha_3 = \alpha_4 = \frac{-\alpha_0}{4\cosh^2\left(\frac{\mu_0 h}{2}\right)}$$

我们最终得到了以下 TFPM 求解方案：

$$U_0 - \frac{U_1 + U_2 + U_3 + U_4}{4\cosh^2\left(\frac{\mu_0 h}{2}\right)} = \frac{B}{\lambda}\left[1 - \frac{1}{\cosh^2\left(\frac{\mu_0 h}{2}\right)}\right]$$

式中，$U_j = u(x^j)$。因此，$\varepsilon_1(u;\lambda_1)$ 的最小值点由求解下列方程得到：

$$u_{ij}^{n+1} - \frac{1}{4\cosh^2\left(\frac{\mu_0 h}{2}\right)}(u_{i+1,j}^{n+1} + u_{i-1,j}^{n+1} + u_{i,j+1}^{n+1} + u_{i,j-1}^{n+1}) = \frac{B}{\lambda}\left[1 - \frac{1}{\cosh^2\left(\frac{\mu_0 h}{2}\right)}\right] \tag{6-28}$$

式中，$\mu_0 = \sqrt{\frac{\lambda}{\nu}}$，且参数 ν 可选取小一些。式(6-28)可以改写为：

$$AU^{n+1} = F^n$$

式中，A 为严格对角占优矩阵，因此算法收敛且无条件稳定。由此得到的五对角常系数线性系统可以用 BICGSTAB 快速求解。

对于 p 子问题，$\varepsilon_2(p;\lambda_1)$ 的极小值有一个封闭解。可以将$\varepsilon_2(p;\lambda_1)$ 写成下列形式：

$$\varepsilon_2(p;\lambda_1) = \int_\Omega \varphi_a(|p|)\mathrm{d}x + \frac{\nu}{2}\int_\Omega |p - p^*|^2 \mathrm{d}x + \widetilde{C}$$

式中，$p^* = \nabla u - \frac{\lambda_1}{\nu}$，且$\widetilde{C} = \frac{\nu}{2}|\nabla u|^2 - \lambda_1 \cdot \nabla u - \frac{\nu}{2}(p^*)^2$与 p 独立。由于不涉及 q 的空间导数，我们可以准确地找到被积函数 $\varepsilon_2(p;\lambda_1)$ 的最小值点。定义 $f(p) = \varphi_a(|p|) + \frac{\nu}{2}|p - p^*|^2$。当 $x > 0$ 时，$\varphi_a(x)$为单调递增函数。因此 $f(p)$ 的最小值点一定是 sp^* 的形式，其中 $s \in [0,1]$。记

$$g(s) = f(sp^*) = \varphi_a(|sp^*|) + \frac{\nu}{2}|sp^* - p^*|^2$$

$$
=\begin{cases}\dfrac{|p^*|^2}{2a}s^2+\dfrac{\nu|p^*|^2}{2}(s-1)^2, 0\leqslant s|p^*|\leqslant a\\ |p^*|s-\dfrac{a}{2}+\dfrac{\nu|p^*|^2}{2}(s-1)^2, a< s|p^*|\leqslant|p^*|\end{cases}
$$

由于 $f(s)$ 在 $[0,1)$ 上是凸函数，故 f 的最小值点出现在鞍点或者端点处。当 $0\leqslant s|p^*|\leqslant a$，也就是 $0\leqslant s\leqslant\dfrac{a}{|p^*|}$ 时，通过计算

$$
g'(s)=\frac{|p^*|^2}{a}s+\nu|p^*|^2(s-1)=0
$$

可以得到 $g(s)$ 的最小值点为 $s_0=\dfrac{\nu}{1/a+\nu}$。而且 $s_0=\dfrac{\nu}{1/a+\nu}\in\left[0,\dfrac{a}{|p^*|}\right]$ 当且仅当 $|p^*|\leqslant a+\dfrac{1}{\nu}$。这时，$\varepsilon_2(p;\lambda_1)$ 在 $s_0\,p^*=\dfrac{\nu}{1/a+\nu}p^*$ 处取得最小值。

同理，对于 $a<s|p^*|\leqslant|p^*|$ 或 $\dfrac{a}{|p^*|}<s\leqslant 1$，$g(s)$ 的最小值点为 $s_1=1-\dfrac{1}{\nu|p^*|}$。而且 $s_1=1-\dfrac{1}{\nu|p^*|}\in\left(\dfrac{a}{|p^*|},1\right]$ 当且仅当 $|p^*|>a+\dfrac{1}{\nu}$。此时，$\varepsilon_2(p;\lambda_1)$ 在 $s_1\,p^*=\left(1-\dfrac{1}{\nu|p^*|}\right)p^*$ 处取得最小值。

因此，$\varepsilon_2(p;\lambda_1)$ 的最小值点可以表示成如下形式：

$$
\text{Arg}\min_p\varepsilon_2(p;\lambda_1)=\begin{cases}\dfrac{\nu}{1/a+\nu}p^*, & |p^*|\leqslant a+\dfrac{1}{\nu}\\ \left(1-\dfrac{1}{\nu|p^*|}\right)p^*, & |p^*|>a+\dfrac{1}{\nu}\end{cases}\tag{6-29}
$$

式中，$p^*=\nabla u-\dfrac{\lambda_1}{\nu}$。

我们把上述逼近泛函(6-26)的鞍点的迭代方法记作 ALM-TFPM，在算法 5 中给出。

算法 5　求解所提出的模型 (6-14)的最小值点的 ALM 和 TFPM 相结合的方法。

1. 初始化：$u^0=f,p^0,\lambda_1^0$。对于 $k\geqslant 1$，重复以下步骤(步骤 2 ~ 4)。
2. 固定拉格朗日乘子 λ_1^k，采用方程(6-28) 和方程(6-29) 计算相关子问题的最小值点 u^k 和 p^k。
3. 更新拉格朗日乘子 λ_1^{k-1}：

$$
\lambda_1^k=\lambda_1^{k-1}+\nu(p^k-\nabla u^k)
$$

4. 估计相对残差[方程(6-36)]，如果它们小于给定的阈值 ϵ_r，则停止迭代。

6.2.4 算法的收敛性

下面我们给出序列$\{u^k\}$的收敛结果。事实上,类似的收敛结果可以参见文献[21,61,102]。

定理 6.2.2 假设$(u^*,p^*;\lambda_1^*)$是增广拉格朗日泛函$\mathcal{L}(u,p;\lambda_1)$的一个鞍点。记$(u^k,p^k;\lambda_1^k)$是由算法 5 生成的一个序列。如果$\mathrm{Null}(\widetilde{D}\circ K)=0$,则

$$\lim_{k\to\infty} u^k = u^*$$

证明 定义$\mathrm{d}u^k=u^k-u^*$,$\mathrm{d}p^k=p^k-p^*$;$\lambda_1^k=\lambda_1^k-\lambda_1^*$。由$(u^*,p^*;\lambda_1^*)$为泛函$\mathcal{L}(u,p;\lambda_1)$的一个鞍点,则有:

$$\mathcal{L}(u^*,p^*;\lambda_1)\leqslant\mathcal{L}(u^*,p^*;\lambda_1)\leqslant\mathcal{L}(u,p;\lambda_1)\ \forall(u,p;\lambda_1) \tag{6-30}$$

根据式(6-30)中第一个不等式,可以得到:

$$p^*=\nabla u^{*}$$[21,61]

记$\langle f,g\rangle=\int_\Omega fg$, $\|f\|^2=\int_\Omega |f|^2$,其中$f,g$是向量函数。

又$u^*=\arg\min_u \mathcal{L}(u,p^*;\lambda_1^*)$,$h(t)=\mathcal{L}(u^*+t(u-u^*),p^*;\lambda_1^*)$,则对任给的$u$和$t\in[0,1]$,有$h'(0)\geqslant 0$,

$$\lambda\langle f-\widetilde{D}(K*u^*),\widetilde{D}(K*(u^*-u))\rangle+\langle\nu(p^*-\nabla u^*)+\lambda_1^*,\nabla(u^*-u)\rangle\geqslant 0,\forall u \tag{6-31}$$

同理,由$p^*=\arg\min_p \mathcal{L}(u^*,p;\lambda_1^*)$,可得:

$$\langle\varphi_a(|p|)-\varphi_a(|p^*|),1\rangle+\langle\nu(p^*-\nabla u^*)+\lambda_1^*,p-p^*\rangle\geqslant 0,\forall p \tag{6-32}$$

又$u^k=\arg\min_u \mathcal{L}(u,p^{k-1};\lambda_1^{k-1})$, $p^*=\arg\min_p \mathcal{L}(u^k,p;\lambda_1^{k-1})$,我们可以得到下列关系式:

$$\lambda\langle f-D(K*u^k),\widetilde{D}(K*(u^k-u))\rangle+\langle\nu(p^{k-1}-\nabla u^k)+\lambda_1^{k-1},\nabla(u^k-u)\rangle\geqslant 0,\forall u \tag{6-33}$$

$$\langle\varphi_a(|p|)-\varphi_a(|p^k|),1\rangle+\langle\nu(p^k-\nabla u^k)+\lambda_1^{k-1},p-p^k\rangle\geqslant 0,\forall p \tag{6-34}$$

将上述四个不等式相加,并令式(6-31)中$u=u^k$,式(6-33)中$u=u^*$,式(6-32)中$p=p^k$,式(6-34)中$p=p^*$,可以得到:

$$-\lambda\langle\widetilde{D}(K*\mathrm{d}u^k),\widetilde{D}(K*\mathrm{d}u^k)\rangle+\langle\nabla(\mathrm{d}u^k),\nu(p^{k-1}-\nabla u^k)+\mathrm{d}\lambda_1^{k-1}\rangle+$$
$$\langle\mathrm{d}p^k,-\nu(p^k-\nabla u^k)-\mathrm{d}\lambda_1^{k-1}\rangle\geqslant 0$$

由$\lambda_1^k=\lambda_1^{k-1}+\nu(p^k-\nabla u^k)$,$\nu(p^{k-1}-\nabla u^k)=\nu(p^k-\nabla u^k)+\nu(p^{k-1}-p^k)$,不等式简化如下:

$$-\lambda \| \widetilde{D}(K * \mathrm{d}u^k) \|^2 + \langle \nabla(\mathrm{d}u^k), \nu(p^{k-1} - p^k) + \mathrm{d}\lambda_1^{k-1} \rangle + \langle \mathrm{d}p^k, -\mathrm{d}\lambda_1^k \rangle \geqslant 0$$

又 $p^* = \nabla u^*$，$\nabla(\mathrm{d}u^k) = \mathrm{d}q^k + (\nabla u^k - q^k) = \mathrm{d}q^k + \frac{1}{\nu}(\lambda_1^{k-1} - \lambda_1^k)$，得到：

$$-\lambda \| \widetilde{D}(K * \mathrm{d}u^k) \|^2 + \frac{1}{\nu}\langle \lambda_1^{k-1} - \lambda_1^k \rangle + \nu\langle \mathrm{d}p^k, p^{k-1} - p^k \rangle + \langle \lambda_1^{k-1} - \lambda_1^k, p^{k-1} - p^k \rangle \geqslant 0$$

关于 p^{k-1}，我们也可以得到一个类似的不等式：

$$\langle \varphi_a(|p|) - \varphi_a(|p^{k-1}|), 1 \rangle + \langle \nu(p^{k-1} - \nabla u^{k-1}) + \lambda_1^{k-2}, p - p^{k-1} \rangle \geqslant 0, \forall p \tag{6-35}$$

令式(6-34)中 $p = p^{k-1}$，式(6-35)中 $p = p^k$，然后将上述两个不等式相加，得到：

$$\langle \lambda_1^k, p^{k-1} - p^k \rangle + \langle \lambda_1^{k-1}, p^k - p^{k-1} \rangle \geqslant 0$$

也就是 $\langle \lambda_1^{k-1} - \lambda_1^k, p^{k-1} - p^k \rangle \leqslant 0$。根据这些不等式，我们可以得到如下关系式：

$$-\lambda \| \widetilde{D}(K \cdot \mathrm{d}u^k) \|^2 + \frac{1}{\nu}\langle \lambda_1^{k-1} - \lambda_1^k, \mathrm{d}\lambda_1^k \rangle + \nu\langle \mathrm{d}p^k, p^{k-1} - p^k \rangle \geqslant 0$$

再根据

$$\langle \lambda_1^{k-1} - \lambda_1^k, \mathrm{d}\lambda_1^k \rangle = \frac{1}{2}(\| \mathrm{d}\lambda_1^{k-1} \|^2 - \| \mathrm{d}\lambda_1^k \|^2 - \| \lambda_1^{k-1} - \lambda_1^k \|^2)$$

$$\langle p^{k-1} - p^k, \mathrm{d}p^k \rangle = \frac{1}{2}(\| \mathrm{d}p^{k-1} \|^2 - \| \mathrm{d}p^k \|^2 - \| p^{k-1} - p^k \|^2)$$

可推导出：

$$\left(\frac{1}{2\nu}\| \mathrm{d}\lambda_1^{k-1} \|^2 + \frac{\nu}{2}\| \mathrm{d}p^{k-1} \|^2\right) - \left(\frac{1}{2\nu}\| \mathrm{d}\lambda_1^k \|^2 + \frac{\nu}{2}\| \mathrm{d}p^k \|^2\right)$$

$$\geqslant \lambda \| \widetilde{D}(K * \mathrm{d}u^k) \|^2 + \frac{1}{2\nu}\| \lambda_1^{k-1} - \lambda_1^k \|^2 + \frac{\nu}{2}\| p^{k-1} - p^k \|^2$$

这表明非负序列 $\frac{1}{2\nu}\left\| \mathrm{d}\lambda_1^k \right\|^2 + \frac{\nu}{2}\left\| \mathrm{d}p^k \right\|_{k=1}^{2\infty}$ 是单调递减且收敛的，因此 $\lim_{k\to\infty} \| u^k - u^* \| = 0$。 □

6.3　数值算例

在这一节中，我们将展示一些应用本书所提出的基于 TV 的模型和 ALM-TFPM 算法进行图像超分辨重建得到的数值结果。我们的目标是将含有高斯噪声和/或被运动模糊污染的低分辨率图像，经过处理得到满意的超分辨率图像。我们比较了 MO 模型和我们的模型的性能以及使用 TFPM 的效果。对于所有数值实验，我们设置网格尺寸 $h=1$，并使用以下终止准则：

$$\frac{\| u^k - u^{k-1} \|_{L^1}}{\| u^{k-1} \|_{L^1}} < 5\mathrm{E}-5$$

为了监控迭代过程的收敛性，我们检查相对残差[60]：

$$R^k = \frac{\| p^k - \nabla u^k \|_{L^1}}{|\Omega|} \tag{6-36}$$

拉格朗日乘子 λ^k 的相对误差：

$$L^k = \frac{\| \lambda^k - \lambda^{k-1} \|_{L^1}}{\| \lambda^{k-1} \|_{L^1}} \tag{6-37}$$

解 u^k 的相对误差：

$$\frac{\| u^k - u^{k-1} \|_{L^1}}{\| u^{k-1} \|_{L^1}} \tag{6-38}$$

式中，$\| \cdot \|_{L^1}$ 为 Ω 上的 L^1 范数；$|\Omega|$ 为区域的面积；k 为迭代次数。此外，为了便于说明，上述所有指标在图中显示的均为 log-比例下的大小。图像质量的评价通过信噪比（SNR）、峰值信噪比（$PSNR$）和平均绝对误差（MAE）来衡量，其定义如下：

$$SNR = 10\log_{10}\frac{\sum_{\Omega}(u-\bar{u})^2}{\sum_{\Omega}\left((u-u_0)-\overline{(u-u_0)}\right)^2}$$

$$PSNR = 10\log_{10}\frac{255^2 \times M \times N}{\sum_{(x,y)\in\Omega}|u-u_0|^2}$$

$$MAE = \frac{\sum_{\Omega}|u-u_0|}{\sum_{\Omega}|u_0|}$$

式中，u_0 表示初始图像；u 表示重建后的图像，$\bar{u}$ 是 u 的信号的平均值；M，N 代表图像的尺寸。

为了便于比较，在下文中，ALM 是指用标准差分格式求解 u 子问题的常规方法，而 ALM-TFPM 是指用 TFPM 求解其中的子问题的 ALM 方法。

6.3.1 算例 1

我们首先检查使用 TFPM 算法的效果。为此，我们首先考虑一个名为“Block”的合成图像，它有白色和黑色区域，如图 6-2 所示。我们对一幅分辨率为 20×20 的被角度为 11 像素，长度为 31 像素的运动模糊污染的单帧图像进行了试验。在这个实验中，我们使用 $\lambda=8\mathrm{E}2$，$\nu=0.5$，$a=0.001$。我们选择一个小

参数 a，因为这个例子不会受到楼梯效应的影响。利用 ALM 和 ALM-TFPM 获得的两幅超分辨率图像主要沿分隔黑白区域的边界不同。这说明 TFPM 的特点，即它保持了边界层/内层，从而通过使用不同的基函数求解椭圆型方程有助于保持尖锐的跳跃。在设计标准差分格式时，这些基函数通常是相应算子的通解或本征函数，而不是多项式。两种方法的能量与迭代的关系图和解 u^k 的相对误差的差值如图 6-3 所示。这也证明了 ALM-TFPM 比 ALM 关于 u 的收敛速度快。除此之外，我们在表 6-1 中比较了评估图像质量的指标包括 SNR，$PSNR$ 和 MAE。该表表明，当使用所提出的方法 ALM-TFPM 时，SNR，$PSNR$ 和 MAE 的值有显著的改善。

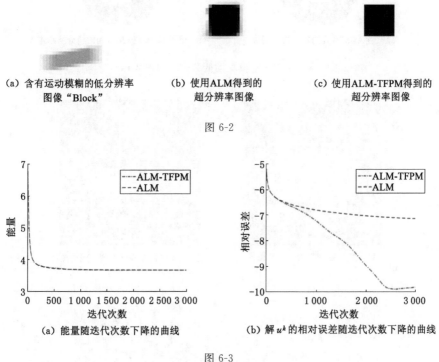

(a) 含有运动模糊的低分辨率图像"Block"　(b) 使用ALM得到的超分辨率图像　(c) 使用ALM-TFPM得到的超分辨率图像

图 6-2

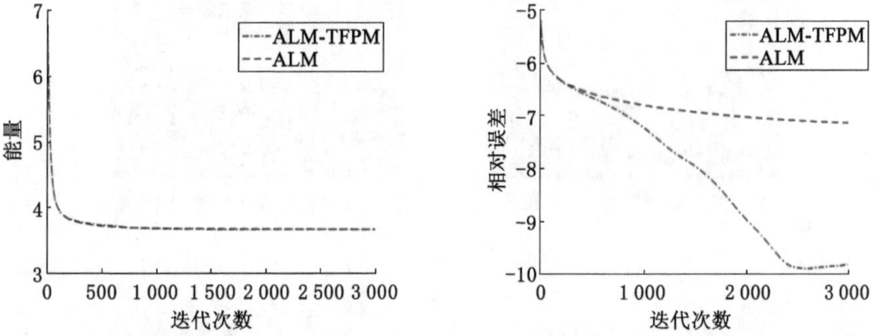

(a) 能量随迭代次数下降的曲线　(b) 解 u^k 的相对误差随迭代次数下降的曲线

图 6-3

接下来，我们在 $\Omega = \mathbf{B}_{R(0)}$ 上定义的原始图像 $f = \chi_{\mathbf{B}_{r(0)}}$，其中 $r = 20, R = 40$，χ 为特征函数，如图 6-4 所示。图像"circle"已被密度为 1%的高斯噪声和角度为 10 像素、长度为 21 像素的运动模糊污染。在这些实验中，我们使用 $\lambda = 8E4$，$\nu = 0.5$，$a = 0.001$。从两张超分辨率图像中可以看出，使用 ALM-TFPM 得到的图像比使用 ALM 得到的图像丢失的信号信息更少，尤其是在分隔白色和黑色区域的边界处。对这个例子而言，TV 模型求解得到的最小值有精确解

$u=\left(1-\dfrac{1}{\lambda r}\right)\chi_{\mathbf{B}r(0)}+\dfrac{r}{\lambda\left(R^{2}-r^{2}\right)}\chi_{\Omega\setminus\mathbf{B}r(0)}$，可参见文献[103]。为了比较 ALM 和 ALM-TFPM 获得的结果，我们在图 6-5 中展示了由 ALM-TFPM 和 ALM 获得的超分辨率图像与精确图像 u 之间的差异图像。这些图表明，ALM-TFPM 比 ALM 能够更好地沿边界还原图像信号，即 TFPM 可以保持边界/内部层。此外，我们在表 6-1 中对比了这两种方法的 SNR，$PSNR$ 和 MAE 值。

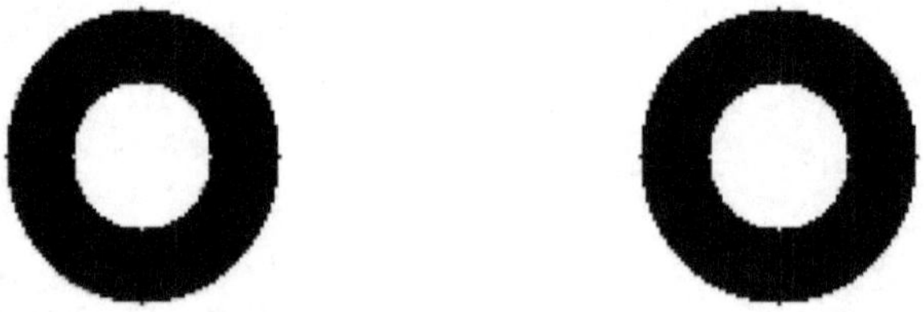

(a) 使用ALM得到的超分辨率图像　　(b) 使用ALM-TFPM得到的超分辨率图像

图 6-4　含有运动模糊的低分辨率图像“Circle”

(a) 使用ALM得到的残差图像　　(b) 使用ALM-TFPM得到的残差图像

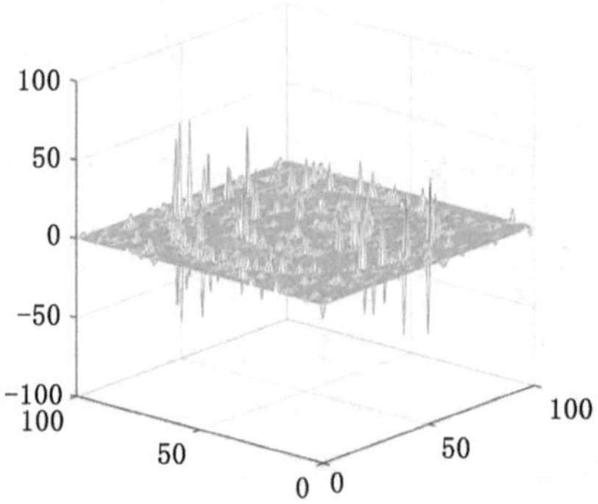

(c) 使用两种方法得到的图像差值

图 6-5

表 6-1　同模型和算法获得的超分辨率图像的 *SNR*,*PSNR* 和 *MAE* 的对比

图像	算法	尺寸	*a*	*SNR*	*PSNR*	*MAE*
Block	低分辨率图像	20×20		5.155 4	13.763 2	0.094 9
	ALM	40×40	0.001	17.180 2	29.865 3	0.006 2
	ALM-TFPM	40×40	0.001	40.928 0	53.294 3	0.000 6
Circle	低分辨率图像	100×100		5.224 6	13.453 8	0.209 1
	ALM	100×100	0.001	30.498 6	36.825 5	0.003 3
	ALM-TFPM	100×100	0.001	39.725 5	46.022 9	0.001 6
House	低分辨率图像	128×128		4.427 5	21.073 3	0.097 9
	ALM	256×256	1	15.956 5	31.057 9	0.032 2
	ALM-TFPM	256×256	1	17.529 6	32.552 8	0.028 8
Baby	低分辨率图像	256×256		19.696 9	30.666 5	0.041 3
	TV	512×512	0	20.028 0	31.080 0	0.032 6
	ALM	512×512	2	20.057 7	31.135 3	0.033 7
	ALM-TFPM	512×512	2	20.428 7	32.478 6	0.032 8
Woman	低分辨率图像	172×114		17.002 1	27.616 9	0.061 7
	TV	344×228	0	17.052 2	27.768 5	0.052 2
	ALM	344×228	3	17.288 3	27.988 2	0.051 3
	ALM-TFPM	344×228	3	17.871 9	28.537 0	0.048 6

6.3.2　算例 2

为了进一步了解使用 TFPM 的效果,我们将模型应用于低分辨率灰度图像"House",该图像受到角度为 11 像素、长度为 31 像素的运动模糊的污染,如图 6-6 所示。在这个实验中,我们使用$\lambda = 4E3, \nu = 0.5, a = 1$。从两幅超分辨率图像可以看出,ALM-TFPM 比 ALM 更能保持边界。此外,如表 6-1 所示,使用 ALM-TFPM 恢复的图像比使用 ALM 的图像获得更高的信噪比和峰值信噪比。为了证明使用 ALM-TFPM 算法的迭代过程的收敛性,我们给出了相对残差[式(6-36)]、拉格朗日乘子中的相对误差[式(6-37)]、解 u^k 的相对误差[式(6-38)],以及能量 $E(u^k)$ 随迭代次数变化的曲线,如图 6-7 所示。这些图显示了迭代过程的收敛性,并且一步步接近增广拉格朗日泛函的鞍点和超分辨率模型的极小值点。

(a) 含有运动模糊的低分辨率图像“House”

(b) 使用ALM得到的超分辨率图像

(c) 使用ALM-TFPM得到的超分辨率图像

图 6-6

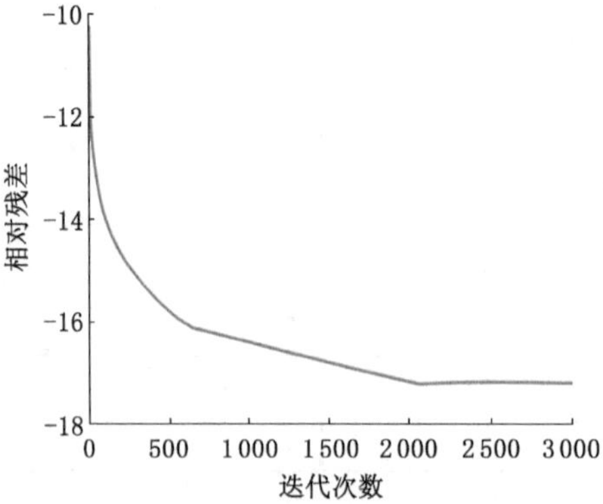

(a) 相对残差[式(6-36)]随迭代次数变化的曲线

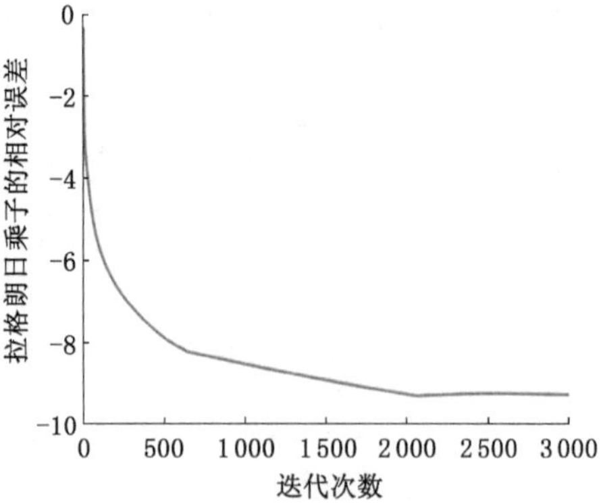

(b) 拉格朗日乘子中的相对误差[式(6-37)]随迭代次数变化的曲线

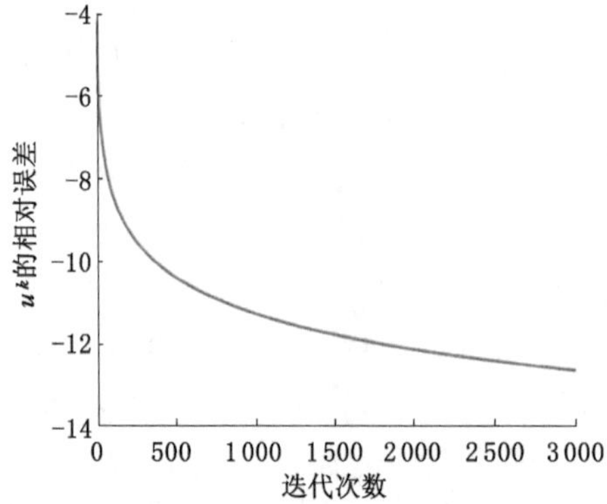

(c) 解 u^k 的相对误差[式(6-38)]随迭代次数变化的曲线

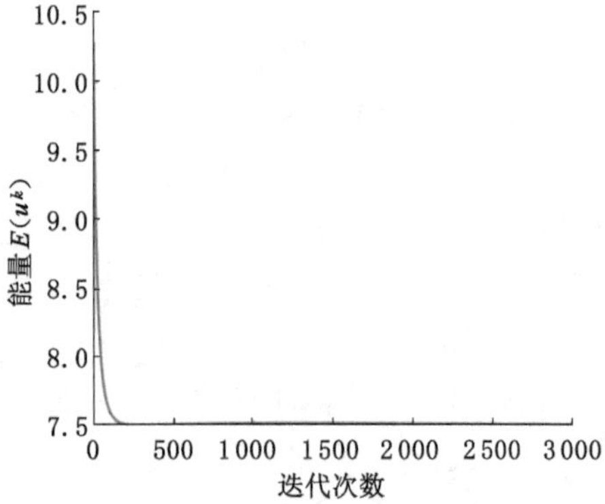

(d) 能量 $E(u^k)$ 随迭代次数的变化曲线

图 6-7

6.3.3 算例 3

接下来，我们将比较 Markina-Osher(MO)模型和本书模型的性能。为此，我们考虑一个低分辨率的灰度图像“Baby”，它被密度为 3%的高斯噪声污染，如图 6-8 所示。MO 模型和我们的模型都得到了满意的超分辨率图像。然而，这两幅的超分辨率图像存在一定的差异。为了观察这一点，我们将婴儿脸部的放大部分放在这些超分辨率图像的同一位置，如图 6-9 所示。这些放大的图像表明，我们的模型可以充分改善楼梯效果。此外，如表 6-1 所示，与标准 ALM 相比，本书提出的数值方法 ALM-TFPM 也有助于提高信噪比、峰值信噪比和平均绝对误差。在这个实验中，我们使用 $\lambda = 2E3, \nu = 0.5, a = 2$。

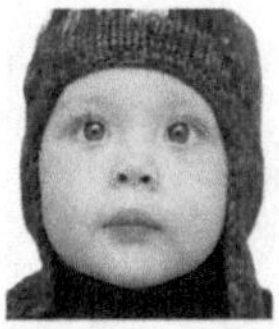

(a) 含有高斯噪声的低分辨率图像 “Baby”

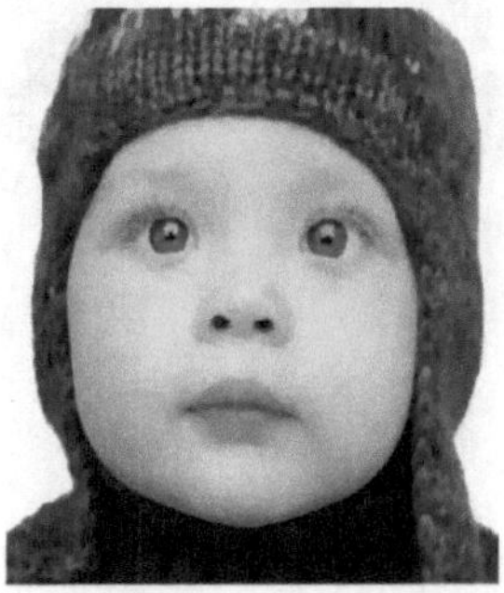

(b) 使用MO模型得到的超分辨率图像

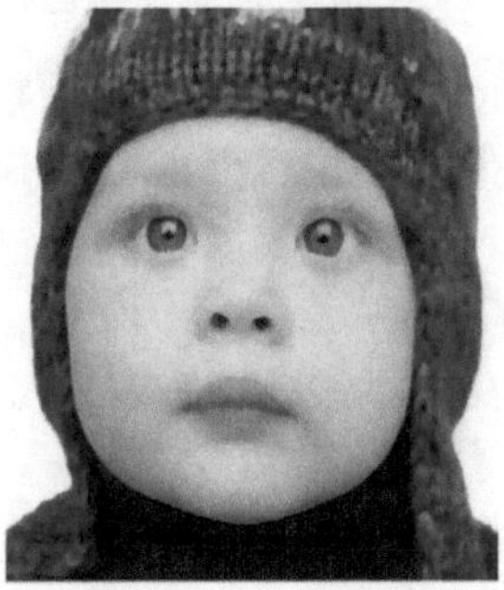

(c) 使用本书模型(a=2)1和ALM得到的超分辨率图像

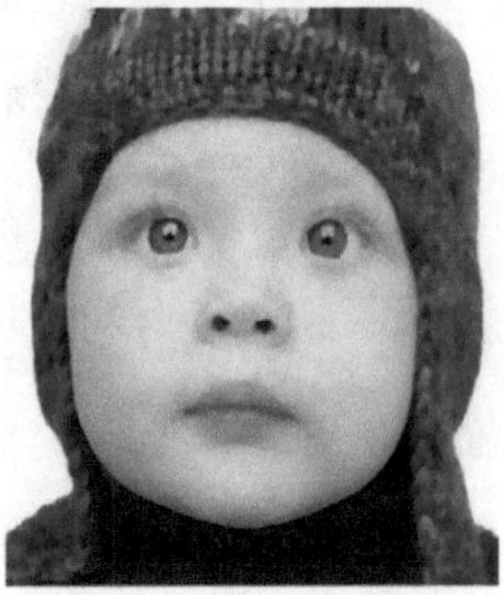

(d) 使用本书模型(a=2)和ALM-TFPM得到的超分辨率图像

图 6-8

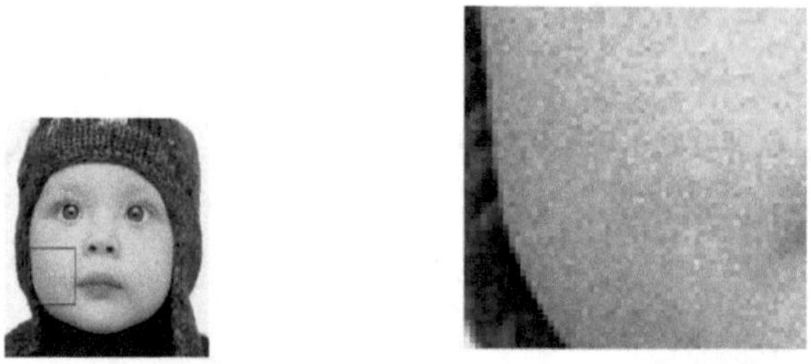

(a) 放大区域的位置　　(b) 放大区域的图像

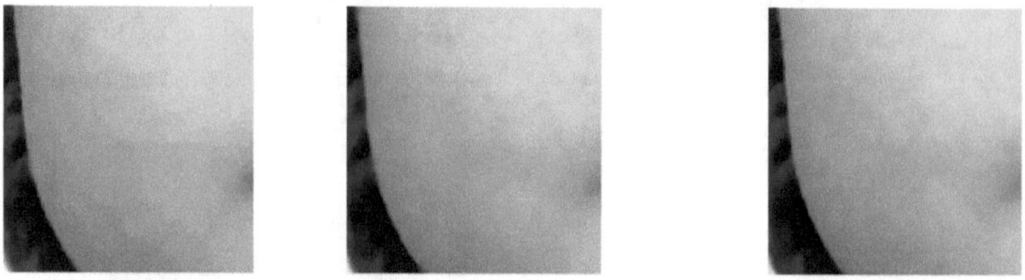

(c) MO模型放大的部分　　(d) 本书模型($a=2$)和ALM放大的部分　　(e) 本书模型($a=2$)和ALM-TFPM放大的部分

图 6-9

6.3.4 算例 4

我们将所提出的模型应用于一个彩色的、含有密度为 3% 的高斯噪声和被角度为 2 像素、长度为 3 像素的运动模糊污染的低分辨率图像“Woman”，如图 6-10 所示。我们将其性能与 MO 模型进行了比较。这两个模型再次产生良好的超分辨率图像。为了更好地进行比较，我们在图 6-11 中给出了这些获得的超分辨图像的放大部分。这表明，我们的模型可以在很大程度上消除楼梯效应。此外，如表 6-1 所示，与标准 ALM 相比，使用 ALM-TFPM 可以提高恢复图像的质量。在这个实验中，我们使用 $\lambda = 2\text{E}3$，$\nu = 0.5$，$a = 3$。

6.3.5 算例 5

在下面两个实验中，我们将本书模型与其他传统方法进行了比较，包括最近邻插值、双线性插值和双三次插值[35,36]。在图 6-12 和图 6-13 中，我们给出了这些方法对“Pepper”和“Butterfly”图像的超分辨率重建结果。这些结果看起来都不错。但是，如果我们检查这些获得的超分辨率图像的放大部分，如图 6-14 和图 6-15 所示，本书模型与 ALM-TFPM 相结合，可以产生比其他模型更清晰的效果。在“Pepper”实验中，使用的参数为 $\lambda = 2\text{E}4$，$\nu = 0.5$，$a = 0.05$，而在“Butterfly”实验中，使用的参数为 $\lambda = 4\text{E}3$，$\nu = 0.5$，$a = 2$。

(a) 含有高斯噪声和运动模糊的低分辨率图像“Woman”

(b) 使用MO模型得到的超分辨率图像

(c) 使用本书模型($a=3$)和ALM得到的超分辨率图像

(d) 使用本书模型($a=3$)和ALM-TFPM得到的超分辨率图像

图 6-10

(a) 放大区域的位置

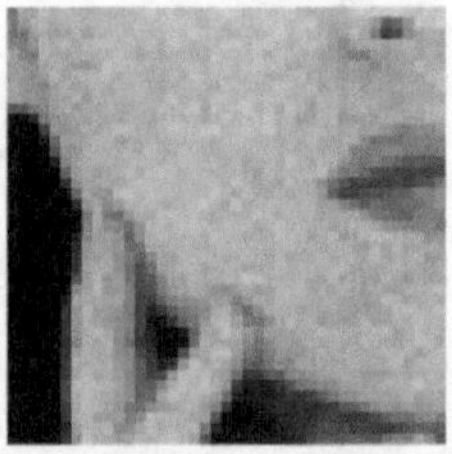

(b) 放大区域中的图像

(c) MO模型放大的部分

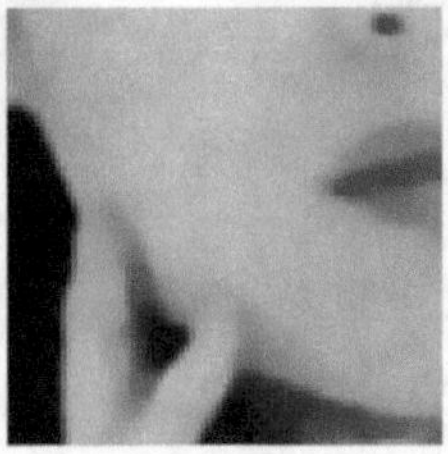

(d) 本书模型($a=3$)和ALM-TFPM放大的部分

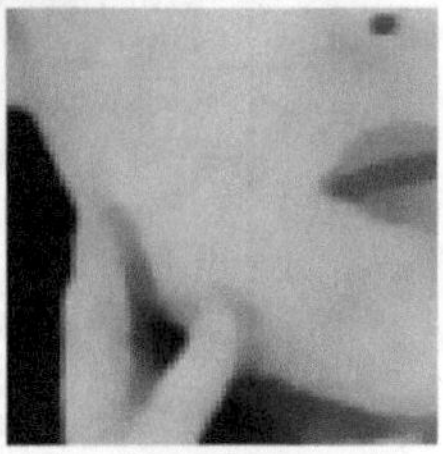

(e) 本书模型($a=3$)和ALM放大的部分

图 6-11

(a) 低分辨率图像“Pepper”

(b) 使用最近邻插值得到的超分辨率图像

(c) 使用双线性差值得到的超分辨率图像

(d) 使用双三次插值得到的超分辨率图像

(e) 使用本书模型(a=0.05)和ALM-TFPM得到的超分辨率图像

图 6-12

(a) 低分辨率图像“Butterfly”

(b) 使用最近邻插值得到的超分辨率图像

(c) 使用双线性插值得到的超分辨率图像

(d) 使用双三次插值得到的超分辨率图像

(e) 使用本书的模型(a=2)和ALM-TFPM得到的超分辨率图像

图 6-13

(a) 放大区域的位置

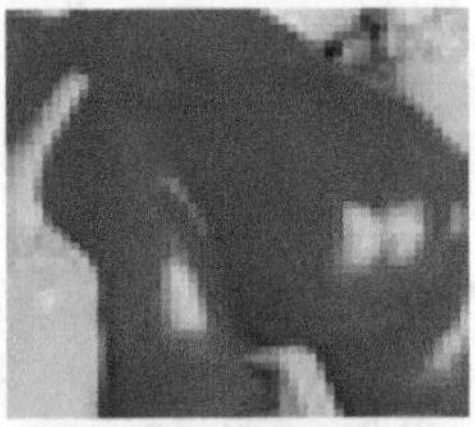

(b) 放大区域中的图像

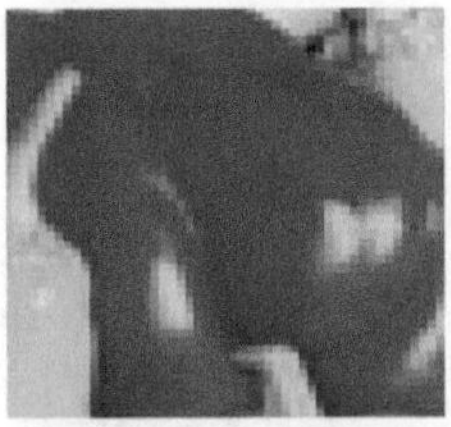

(c) 最近邻插值放大的部分

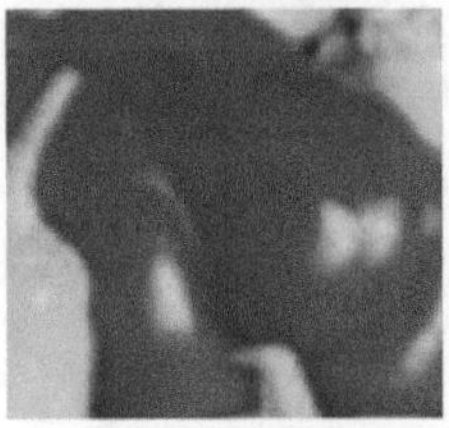

(d) 双三次插值放大的部分

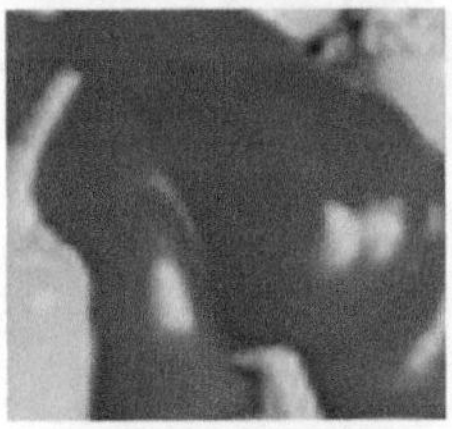

(e) 双线性插值放大的部分

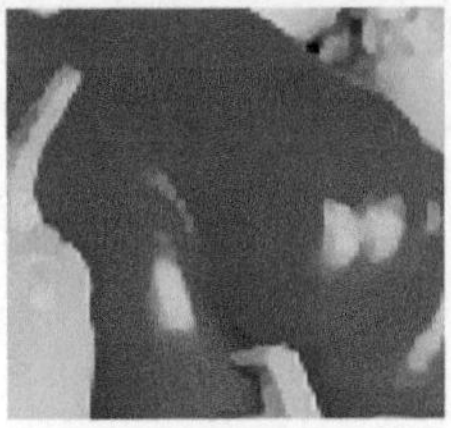

(f) 本书模型(a=0.05)和ALM-TFPM放大的部分

图 6-14

(a) 放大区域的图像

(b) 放大区域中的图像

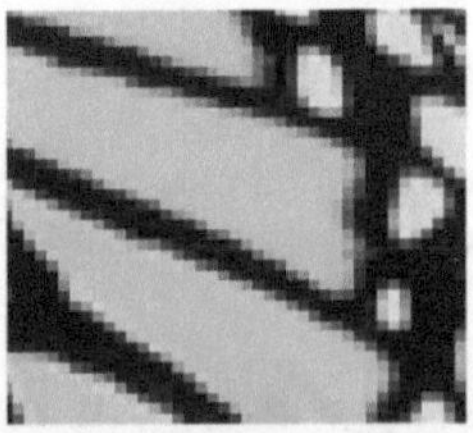

(c) 最近邻插值放大的部分

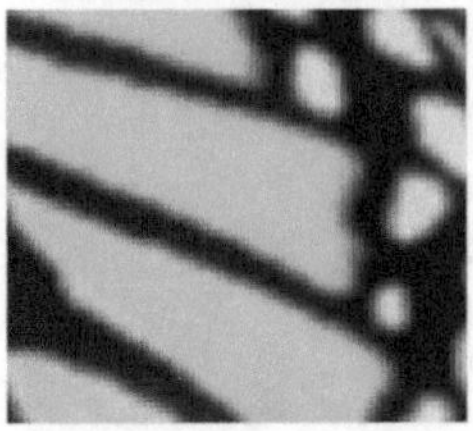

(d) 双线性插值放大的部分

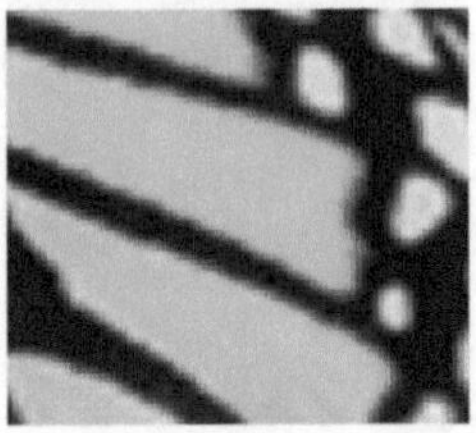

(e) 双三次插值放大的部分

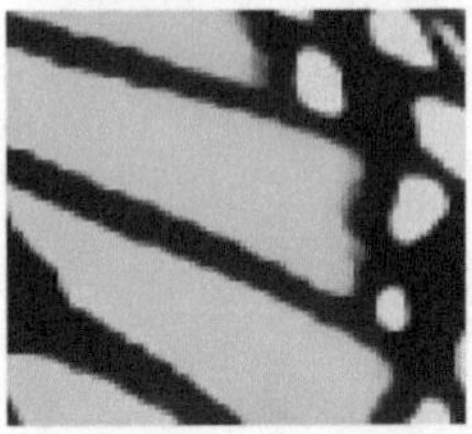

(f) 本书模型(a=2)和ALM-TFPM放大的部分

图 6-15

6.4 本章小结

本章提出了一种基于全变分的图像超分辨率模型,以改善阶梯效应。作为 Markina-Osher(MO)模型的一个变形,本章模型采用全变分作为图像梯度较大区域的正则化算子,而对梯度较小区域采用 Tikhonov 正则化算子。我们证明了该模型在 BV 空间中存在极小值。为了最小化这种变分模型,我们采用增广拉格朗日方法(ALM)和定制有限点方法(TFPM)相结合的数值算法。TFPM 具有保留边界层/内层的优点,因此比标准的数值格式更有助于保持大的跳跃。与双线性插值、最近邻插值、双三次插值等经典插值方法相比,TFPM 有助于恢复更多的细节信息。实验结果表明,所提出的数值方法可以提高复原图像的质量。

第 7 章　结论与展望

7.1　研究总结

本书研究了图像处理中的若干模型和数值方法，包括图像去噪、去模糊、图像修复、图像超分辨率重建和图像分割等问题。

本书的主要创新点有：

(1) 对于图像去噪去模糊，我们提出了新的量身定做有限点方法(TFPM)来求解由 Getreuer 等给出的 Rician 去噪模型中得到的抛物型或椭圆型方程。Getreuer 等[1]采用增广拉格朗日方法(ALM)进行数值求解。我们还提出了一种基于平均曲率正则化的图像去噪模型，数值算法依然采用增广拉格朗日方法(ALM)和定制有限点方法(TFPM)相结合的新算法。与传统的有限差分方法的区别是，TFPM 采用局部近似算子的解作为基函数，并使用加权残差的配置法得到了更有效的数值解法，从而在恢复图像中保留更多的纹理细节。数值结果表明，我们的数值方法能够使图像的恢复质量得到显著改进。除此之外，我们也验证了极小化 Rician 去噪模型解的存在性。

(2) 对于图像分割，我们基于 Cahn-Hilliard 方程提出了一种新的图像分割模型。此模型的一个有趣特征在于它能够将较宽的缺失部分插值出合理的轮廓，形成有意义的对象边界。此前大多数文献中通常通过曲率驱动模型来实现。我们采用了最近研究的量身定做有限点方法(TFPM)进行数值求解，有助于保持图像强度中的剧烈跳跃信息，从而有助于分割出清晰的图像轮廓。我们的模型适用于灰度图像、彩色图像和多相分割。数值案例也验证了模型和方法的有效性。此外，我们还分析了模型弱解的存在性和唯一性。

(3) 对于图像修复，我们给出了应用于二值图像、灰度图像和彩色图像修复问题的修正 Cahn-Hilliard 模型的新的数值格式。首先我们将四阶方程转化为两个耦合的二阶抛物型问题，然后对含有小参数 ϵ 的方程采用量身定做有限点方法求解。整个计算过程分为两步：第一步，选取较大的 ϵ，使得 u 快速扩散，求解修正的 Cahn-Hilliard 模型达到稳态；第二步，选取较小的 ϵ，有助于定位区域的边界，求解修正的 Cahn-Hilliard 模型直至达到新的稳定状态。与传统凸分裂算法相比，TFPM 算法的优点有：① 只需选取原始模型中的两个参数 ϵ 和 λ，且每个参数所代表的含义清晰；而凸分裂算法需选取更多参数，并且其含义不明确。② TFPM 算法只需要调整两次 ϵ 的取值即可，第一次选取较大的 ϵ，使得扩散速度较快，第二次选取较小的 ϵ，使得图像在待修复区域外信号不变，且边界更加清晰，而凸分裂算法需要从大到小不断调整 ϵ 的取值。③ TFPM 能够有效求解 $\epsilon \ll 1$ 对应的奇异摄动问题，这是由于 TFPM 在构造数值格式时使用了原问题的基解函数，而凸分裂算法不能够有效求解奇异摄动问题，这是由于凸分裂算法在离散拉普拉斯算子时采用的是多项式插值，由于图像处理问题的限制无法选取任意小的空间网格，其求解奇异摄动问题时会在边界层/内层附近产生伪振荡，因此凸分裂算法不能保证图像在待修复区域外的信号不丢失，并且边界较模糊。我们进行了多组二值图像、灰度图像和彩色图像的数值实验，结果表明，使用 TFPM 数值求解方案能够修复含有更大区域缺失的图像，并且相较于凸分裂算法能够在不破坏有效信号的前提下将缺失图像清晰地恢复出其原有的灰度信息，并且边界更清晰。

(4) 为了改善全变分模型的阶梯效应，我们提出了一种改进的基于全变分的图像超分辨率重建模型。作为 MO 模型的变形，在图像灰度梯度幅度较大的区域，我们的模型采用全变分作为正则项，保持图像的边缘信息；而在图像灰度梯度幅度较小的区域采用 Tikhonov 正则项，保持图像的平滑性。我们验证了该模型在 BV 空间中解的存在性。在数值算法的实现上，我们将增广拉格朗日方法(ALM)与量身定做有限点方法(TFPM)相结合。TFPM 具有保留边界层/内层的优点，因此比标准数值格式有助于保持更大的跳跃。且与经典插值方法(例如双线性插值，最近邻插值和双三次插值)相比，TFPM 有助于恢复更多细节。实验结果表明，我们所提出的数值方法可以提高恢复图像的质量。

7.2 未来研究展望

目前，有许多科学家致力于图像反问题模型的建立和算法的研究，一是对于其中出现的奇异摄动问题，在其理论分析和高效数值求解方面仍然存在各种各样的困难，尚需进一步研究；二是需要进一步寻找图像反问题领域中传统方法与机器学习方法的有机融合。根据目前已有的研究成果，未来我们还可以在如下方面进行深入的研究：

(1) 图像反问题中奇异摄动问题的理论分析与数值求解

对于混合算子经典的正则化方法是 Tikhonov 正则化，其带来的是各向同性平滑，在图像处理中会导致图像的边缘特征被模糊掉。因此，目前采用的基于变分和非线性偏微分方程的图像处理模型均体现为各向异性平滑，且尽可能要求图像平滑过程仅沿着灰度切线方向进行，对于灰度法线方向没有平滑，这就导致在图像边缘处需要求解奇异摄动问题。如前所述，奇异摄动问题的解一般会含有边界层或内层，解本身或其导数在此区域内变化剧烈，使得这类问题的理论分析和数值求解都很棘手。我们之前首次提出将 Cahn-Hilliard 方程用于图像分割问题[48]，可以有效提取细长结构的物体和具有较大灰度间断的物体。接下来我们尝试将 Cahn-Hilliard 方程应用于其他图像反问题，设计更精细的可清晰解释的理论模型，在之前研究的基础上进一步研究四阶的修正 Cahn-Hilliard 模型的求解，以期设计稳定、高效、高精度的数值方法。在二阶模型和修正 Cahn-Hilliard 模型的研究基础上，进一步研究图像反问题中出现的其他奇异摄动问题，设计有效的数值算法以期更好地逼近解的性质。模型中的非线性项给数值算法的理论分析带来一定的困难，我们希望可以找到更有力的数学工具来分析其稳定性和收敛性。

(2) 图像反问题领域传统方法与机器学习方法的有机融合

如前所述，机器学习方法已经在图像反问题领域取得不同程度上的最佳重建效果，但其存在模型的理论性质难以解释和算法不稳定等问题。比如基于稀疏编码方法的难点在于最优化目标函数的求解，当前采用最多的算法是梯度下降法。其涉及的最优化目标函数有：① 稀疏表示的局部模型，由 TV 正则项加保真项构成；② 全局重建约束模型，由保真项加惩罚项构成。我们将具体研究基于稀疏编码方法中最优化目标函数的高效数值求解方法，也将对在图像反问题的机器学习方法中涉及的各种类型的偏微分方程进行理论分析，以期使得迭代算法能够快速收敛到准确解或者设计出高效的、稳定的渐近保持格式。

参考文献

[1] GETREUER P,TONG M,VESE L. A variational model for the restoration of MR images corrupted by blur and Rician noise[C]// International symposium on visual computing. Springer,Berlin,Heidelberg,2011.

[2] BERTOZZI A, ESEDOḠLU S, GILLETTE A. Analysis of a two-scale Cahn-Hilliard model for binary image inpainting[J]. Multiscale modeling and simulation,2007,6(3):913-936.

[3] CHERFILS L, FAKIH H, MIRANVILLE A. A complex version of the Cahn-Hilliard equation for grayscale image inpainting[J]. Multiscale modeling and simulation,2017,15(1):575-605.

[4] 杨晖,曲秀杰.图像分割方法综述[J].电脑开发与应用,2005,18(3):21-23.

[5] 罗林.图像分割算法的研究 [D].武汉:武汉科技大学,2007.

[6] XIE S, RAHARDJA S. Alternating direction method for balanced image restoration[J]. IEEE Transactions on image processing, 2012, 21(11): 4557-4567.

[7] ALI F E,EL-DOKANY I M,SAAD A A,et al. Curvelet fusion of MR and CT images[J]. Progress in electromagnetics research,2008,3:215-224.

[8] MA J, PLONKA G. The curvelet transform[J]. IEEE Signal processing magazine,2010,27(2):118-133.

[9] PERONA P, MALIK J. Scale-space and edge detection using anisotropic diffusion[J]. IEEE Transactions on pattern analysis and machine intelligence,1990,12(7):629-639.

[10] LOPEZ-MOLINA C,GALAR M,BUSTINCE H,et al. On the impact of anisotropic diffusion on edge detection[J]. Pattern recognition,2014,47(1):270-281.

[11] GERIG G,KUBLER O,KIKINIS R,et al. Nonlinear anisotropic filtering of MRI data[J]. IEEE Transactions on medical imaging,1992,11(2):221-232.

[12] RUDIN L I,OSHER S,FATEMI E. Nonlinear total variation based noise removal algorithms[J]. Physica D: nonlinear phenomena, 1992, 60(1-4): 259-268.

[13] MARTIN A, GARAMENDI J, SCHIAVI E. MRI TV-rician denoising [C]//International Joint Conference on Biomedical Engineering Systems and Technologies. Springer, Berlin, Heidelberg, 2012.

[14] MARTíN A, SCHIAVI E. Automatic total generalized variation-based DTI Rician denoising [C]//International Conference Image Analysis and Recognition. Springer, Berlin, Heidelberg, 2013.

[15] MARTÍN A, SCHIAVI E, LEÓN S. On 1-laplacian elliptic equations modeling magnetic resonance image Rician denoising[J]. Journal of mathematical imaging and vision, 2017, 57(2): 202-224.

[16] MODICA L. The gradient theory of phase transitions and the minimal interface criterion[J]. Archive for rational mechanics and analysis, 1987, 98 (2): 123-142.

[17] CHAN T,GOLUB G,MULET P. A nonlinear primal-dual method for total variation-based image restoration[J]. SIAM Journal on scientific computing, 1999, 20(6): 1964-1977.

[18] ZHU M,WRIGHT S,CHAN T. Duality-based algorithms for total-variation-regularized image restoration[J]. Computational optimization and applications, 2010, 47(3): 377-400.

[19] CHAMBOLLE A. An algorithm for total variation minimization and applications[J]. Journal of mathematical imaging and vision, 2004, 20(1): 89-97.

[20] OSHER S,BURGER M,GOLDFARB D, et al. An iterative regularization method for total variationbased image restoration[J]. Multiscale modeling and simulation, 2005, 4(2): 460-489.

[21] WU C, TAI X. Augmented Lagrangian method, dual methods, and split Bregman iteration for ROF, vectorial TV, and high order models[J]. SIAM Journal on imaging sciences, 2010, 3(3): 300-339.

[22] HAN H,HUANG Z. The tailored finite point method[J]. Computational methods in applied mathematics, 2014, 14(3): 321-345.

[23] HAN H,HUANG Z,KELLOGG R B. A tailored finite point method for a singular perturbation problem on an unbounded domain[J]. Journal of sci-

entific computing,2008,36(2):243-261.

[24] HAN H,HUANG Z. Tailored finite point method based on exponential bases for convection-diffusion-reaction equation[J]. Mathematics of computation,2013,82(281):213-226.

[25] HUANG Z,YANG Y. Tailored finite point method for parabolic problems [J]. Computational methods in applied mathematics, 2016, 16 (4): 543-562.

[26] HUANG Z,LI Y. Monotone finite point method foe non-equilibrium radiation diffusion equations[J]. BIT numerical mathematics, 2016,56(2): 659-679.

[27] BERTALMIO M, SAPIRO G, CASELLES V, et al. Image inpainting [C]//Proceedings of the 27th Annual Conference on Computer Graphics And Interactive Techniques ,John Seely Brown,USA,2000.

[28] SHEN J,CHAN T F. Mathematical models for local nontexture inpaintings[J]. SIAM Journal on applied mathematics,2002,62(3):1019-1043.

[29] ESEDOḠLU S,SHEN J. Digital inpainting based on the Mumford-Shah-Euler image model[J]. European journal of applied mathematics,2002,13 (4):353-370.

[30] CAHN J W,HILLIARD J E. Free energy of a nonuniform system Ⅰ:interfacial free energy [J]. Journal of chemical physics, 1958, 28 (2): 258-267.

[31] TAYLOR J E,CAHN J W. Linking anisotropic sharp and diffuse surface motion laws via gradient flows[J]. Journal of statistical physics,1994,77 (1-2):183-197.

[32] CRIMINISI A,PÉREZ P,TOYAMA K. Region filling and object removal by exemplar-based image inpainting[J]. IEEE Transactions on image processing,2004,13(9):1200-1212.

[33] TANG F,YING Y,WANG J,et al. A novel texture synthesis based algorithm for object removal in photographs [C]// Annual Asian Computing Science Conference. Springer,Berlin,Heidelberg,2004.

[34] CHENG W H,HSIEH C W,LIN S K,et al. Robust algorithm for exemplar-based image inpainting [C]// Proceedings of International Conference on Computer Graphics,Imaging and Visualization,2005.

[35] ANBARJAFARI G,DEMIREL H. Image super resolution based on inter-

polation of wavelet domain high frequency subbands and the spatial domain input image[J]. ETRI Journal,2010,32(3):390-394.

[36] DENG L J,GUO W,HUANG T Z. Single-image super-resolution via an iterative reproducing kernel Hilbert space method[J]. IEEE Transactions on circuits and systems for video technology,2015,26(11):2001-2014.

[37] TSAI R. Multiframe image restoration and registration[J]. Advance computer visual and image processing,1984,1:317-339.

[38] RHEE S,KANG M G. Discrete cosine transform based regularized high-resolution image reconstruction algorithm[J]. Optical engineering,1999,38(8):1348-1356.

[39] MALLAT S. A wavelet tour of signal processing[M]. 2nd ed. Elsevier: Academic Press,1999.

[40] CAI J F,OSHER S,SHEN Z. Convergence of the linearized Bregman iteration for l_1 -norm minimization[J]. Mathematics of computation,2009,78(268):2127-2136.

[41] HOU L,ZHANG X. Pansharpening image fusion using cross-channel correlation:a frameletbased approach[J]. Journal of mathematical imaging and vision,2016,55(1):36-49.

[42] LIU J,ZHANG X,DONG B,et al. A wavelet frame method with shape prior for ultrasound video segmentation[J]. SIAM Journal on imaging sciences,2016,9(2):495-519.

[43] HAN J K,KIM H M. Modified cubic convolution scaler with minimum loss of information[J]. Optical engineering,2001,40(4):540-546.

[44] RAMPONI G. Warped distance for space-variant linear image interpolation[J]. IEEE Transactions on image processing,1999,8(5):629-639.

[45] ASHIBA H I,AWADALLA K H,EL-HALFAWY S M,et al. Adaptive least squares interpolation of infrared images[J]. Circuits,systems,and signal processing,2011,30(3):543-551.

[46] EL-KHAMY S E,HADHOUD M M,DESSOUKY M I,et al. Optimization of image interpolation as an inverse problem using the LMMSE algorithm [C]// Proceedings of the 12th IEEE Mediterranean Electrotechnical Conference(IEEE Cat. No. 04CH37521),2004.

[47] EL-KHAMY S E,HADHOUD M M,DESSOUKY M I,et al. Efficient implementation of image interpolation as an inverse problem[J]. Digital

signal processing,2005,15(2):137-152.

[48] LERTRATTANAPANICH S,BOSE N K. High resolution image formation from low resolution frames using Delaunay triangulation[J]. IEEE Transactions on image processing,2002,11(12):1427-1441.

[49] KNUTSSON H,WESTIN C F. Normalized and differential convolution [C]// Proceedings of IEEE Conference on Computer Vision and Pattern Recognition,1993.

[50] TAKEDA H,FARSIU S,MILANFAR P. Kernel regression for image processing and reconstruction[J]. IEEE Transactions on image processing,2007,16(2):349-366.

[51] IRANI M,PELEG S. Improving resolution by image registration[J]. CVGIP:graphical models and image processing,1991,53(3):231-239.

[52] TIPPING M E,BISHOP C M. Bayesian image super-resolution[J]. Advances in neural information processing systems,2003. 15:1303-1310.

[53] SCHULTZ R R,STEVENSON R L. A Bayesian approach to image expansion for improved definition[J]. IEEE Transactions on image processing,1994,3(3):233-242.

[54] FARSIU S,ROBINSON M D,ELAD M,et al. Fast and robust multiframe super resolution[J]. IEEE Transactions on image processing, 2004, 13 (10):1327-1344.

[55] BREDIES K,KUNISCH K,POCK T. Total generalized variation[J]. SIAM Journal on imaging sciences,2010,3(3):492-526.

[56] TONG W,TAI X. A variational approach for detecting feature lines on meshes[J]. Journal of computational mathematics,2016,34(1):87-112.

[57] MARQUINA A,OSHER S J. Image super-resolution by TV-regularization and Bregman iteration[J]. Journal of scientific computing,2008,37 (3):367-382.

[58] BREDIES K,KUNISCH K,POCK T. Total generalized variation[J]. SIAM Journal on imaging sciences,2010,3(3):492-526.

[59] CHAN T F,MARQUINA A,MULET P. High-order total variation-based image restoration[J]. SIAM Journal on scientific computing,2000, 22(2):503-516.

[60] TAI X,HAHN J,CHUNG G J. A fast algorithm for Euler's Elastica model using augmented Lagrangian method[J]. SIAM Journal on imaging

sciences,2011,4(1):313-344.

[61] ZHU W. A first-order image denoising model for staircase reduction[J]. Advances in computational mathematics,2019,45(5):3217-3239.

[62] CHEN Y, YU W, POCK T. On learning optimized reaction diffusion processes for effective image restoration [C]// IEEE Conference on Computer Vision and Pattern Recognition (CVPR),2015.

[63] YANG J, WRIGHT J, HUANG T S. Image super-resolution via sparse representation[J]. IEEE Transactions on image processing,2010,19(11):2861-2873.

[64] DONG C,LOY C C,HE K,et al. Learning a deep convolutional network for image superresolution [C]// European Conference On Computer Vision,2014.

[65] KIM J,KWON L J,MU L K. Accurate image super-resolution using very deep convolutional networks [C]// IEEE Conference on Computer Vision and Pattern Recognition (CVPR),2016.

[66] ZHANG X,LU Y,LIU J,et al. Dynamically unfolding recurrent restorer: a moving endpoint control method for image restoration[J]. arXiv preprint: 1805.07709,2018.

[67] SHAHAM T R,DEKEL T,MICHAELI T. Singan:learning a generative model from a single natural image [C]// IEEE International Conference on Computer Vision (ICCV),2019.

[68] ZHANG H,DONG B,LIU B. JSR-Net:a deep network for joint spatial-radon domain CT reconstruction from incomplete data [C]// IEEE International Conference on Acoustics, Speech and Signal Processing (ICASSP),2019.

[69] LIU J,WANG X,TAI X. Deep convolutional neural networks with spatial regularization,volume and star-shape priori for image segmentation[J]. arXiv preprint:2002.03989,2020.

[70] HERMAN G,KONG T,CIESIELSKI K. Fuzzy connectedness segmentation:a brief presentation of the literature [C]// International Workshop on Combinatorial Image Analysis,Springer,Cham,2015.

[71] KASS M,WITKIN A,TERZOPOULOS D. Snakes:active contour models [J]. International journal of computer vision,1988,1(4):321-331.

[72] CHAN T,VESE L. Active contours without edges[J]. IEEE Transactions

on image processing,2001,10(2):266-277.

[73] CASELLES V,KIMMEL R,SAPIRO G. Geodesic active contours[J]. International journal of computer vision,1997,22(1):61-79.

[74] GOFFMAN C,SERRIN J. Sublinear functions of measures and variational integrals[J]. Duke mathematical journal,1964,31(1):159-178.

[75] MUMFORD D,SHAH J. Optimal approximations by piecewise smooth functions and associated variational problems[J]. Communications on pure and applied mathematics,1989,42(5):577-685.

[76] DAL MASO G,MOREL J M,SOLIMINI S. A variational method in image segmentation: existence and approximation results[J]. Acta mathematica,1992,168(1):89-151.

[77] VALKONEN T,BREDIES K,KNOLL F. Total generalized variation in diffusion tensor imaging[J]. SIAM Journal on imaging sciences,2013,6(1):487-525.

[78] OSHER S,SETHIAN J A. Fronts propagating with curvature-dependent speed: algorithms based on Hamilton-Jacobi formulations[J]. Journal of computational physics,1988,79(1):12-49.

[79] VESE L,CHAN T. A multiphase level set framework for image segmentation using the Mumford and Shah model[J]. International journal of computer vision,2002,50(3):271-293.

[80] ESEDOḠLU S,TSAI Y H R. Thewshold dynamics for the piecewise constant Mumford-Shah functional[J]. Journal of computational physics,2006,211(1):367-384.

[81] MERRIMAN B,BENCE J K,OSHER S. Diffusion generated motion by mean curvature[D]. Los Angeles: Department of Mathematics, University of California,1992.

[82] CHEN Y,TAGARE H D,THIRUVENKADAM S,et al. Using prior shapes in geometric active contours in a variational framework[J]. International journal of computer vision,2002,50(3):315-328.

[83] ZHU W,TAI X C,CHAN T. Image segmentation using Euler's elastica as the regularization[J]. Journal of scientific computing,2013,57(2):414-438.

[84] BAE E,TAI X C,ZHU W. Augmented Lagrangian method for an Euler's elastica based segmentation model that promotes convex contours[J]. In-

verse problems and imaging,2017,11(1):1-23.

[85] NITZBERG M,MUMFORD D,SHIOTA T. Filtering,segmentation and depth[M]. Berlin,Heidelberg:Springer,1993.

[86] SHEN J,KANG S H,CHAN T F. Euler's elastica and curvature-based inpainting[J]. SIAM Journal on applied mathematics, 2003, 63 (2): 564-592.

[87] BERTOZZI A,ESEDOGLU S,GILLETTE A. Analysis of a two-scale Cahn-Hilliard model for binary image inpainting[J]. Multiscale modeling and simulation,2007,6(3):913-936.

[88] CHERFILS L,FAKIH H,MIRANVILLE A. A complex version of the Cahn-Hilliard equation for grayscale image inpainting[J]. Multiscale modeling and simulation,2017,15(1):575-605.

[89] YANG W,HUANG Z,ZHU W. An efficient tailored finite point method for Rician denoising and deblurring[J]. Communications in computational physics,2018,24(4):1169-1195.

[90] LANDWEBER L. An iteration formula for Fredholm integral equations of the first kind[J]. American journal of mathematics,1951,73(3):615-624.

[91] TIKHONOV A N. On the solution of ill-posed problems and the method of regularization[J]. Russian academy of sciences,1963,151(3):501-504.

[92] GOLDSTEIN T,OSHER S. The Split Bregman method for L1 regularized problems[J]. SIAM Journal on imaging sciences,2009,2(2):323-343.

[93] LIU R,SHI L,HUANG W,et al. Generalized total variation-based MRI Rician denoising model with spatially adaptive regularization parameters [J]. Magnetic resonance imaging,2014,32(6):702-720.

[94] DEMENGEL F,TEMAM R. Convex functions of a measure and applications[J]. Indiana university mathematics journal,1984,33(5):673-709.

[95] BOVIK A. Handbook of image and video processing[M]. New York:Academic Press,2010.

[96] GETREUER P,TONG M,VESE L. Total variation based Rician denoising and deblurring model[R]. UCLA CAM Report,2011.

[97] AUBERT G,KORNPROBST P. Mathematical problems in image processing:partial differential equations and the calculus of variations[M]. Springer science and business media,2006.

[98] ZHU W,TAI X,CHAN T. Augmented Lagrangian method for a mean curvature based image denoising model[J]. Inverse problems and imaging,2013,7(4):1409-1432.

[99] HUANG Z,LI Y. Monotone finite point method for non-equilibrium radiation diffusion equations[J]. BIT Numerical mathematics,2016,56(2):659-679.

[100] LIONS P L,MERCIER B. Splitting algorithms for the sum of two nonlinear operators[J]. SIAM Journal on numerical analysis,1979,16(6):964-979.

[101] EYRE D J. Unconditionally gradient stable time marching the Cahn-Hilliard equation [C]// Materials Research Society Symposium Proceedings. [s. n.],United States,1998.

[102] BOYD S,PARIKH N,CHU E. Distributed optimization and statistical learning via the alternating direction method of multipliers[M]. [S. l.]: Now publishers inc. ,2011.

[103] STRONG D M,CHAN T F. Exact solutions to total variation regularization problems [R]. UCLA CAM Report,1996.